国际时尚设计丛书·服装

时装设计元素：
环保面料采购

[英]艾琳·卡迪根　著

马玲　译

中国纺织出版社

内 容 提 要

本书以终端环保服装产品为目标，从纺织品选择、纺织品设计和服装设计三者之间的关联入手，以实例的形式为读者深入地解读纺织品与服装这两个产业间相互的影响。

本书可作为高等院校服装专业师生及服装相关从业人员的参考用书。

原文书名 SOURCING AND SELECTING TEXTILES FOR FASHION
原作者名 Erin Cadigan
© Bloomsbury Publishing Plc, 2014

图书在版编目（CIP）数据

时装设计元素：环保面料采购 /（英）艾琳·卡迪根著；马玲译. -- 北京：中国纺织出版社，2017.11
（国际时尚设计丛书. 服装）
书名原文：SOURCING AND SELECTING TEXTILES FOR FASHION
ISBN 978-7-5180-3992-0

Ⅰ. ①时… Ⅱ. ①艾… ②马… Ⅲ. ①服装面料—采购 Ⅳ. ① TS941.2

中国版本图书馆 CIP 数据核字（2017）第 214573 号

策划编辑：魏 萌　　　　责任编辑：陈静杰
责任校对：寇晨晨　　　　责任印制：王艳丽

中国纺织出版社出版发行
地址：北京市朝阳区百子湾东里 A407 号楼　邮政编码：100124
销售电话：010—67004422　传真：010—87155801
http://www.c-textilep.com
E-mail：faxing@c-textilep.com
中国纺织出版社天猫旗舰店
官方微博 http://weibo.com/2119887771
北京利丰雅高长城印刷有限公司印刷　各地新华书店经销
2017 年 11 月第 1 版第 1 次印刷
开本：710×1000　1/8　印张：25
字数：140 千字　定价：138.00 元

凡购本书，如有缺页、倒页、脱页，由本社图书营销中心调换

1 2012 秋／冬 杜罗·奥罗伍（Duro Olowu）后台。Duro Olowu 的大多面料和印花纹样都是自己设计的，极具古典风格。

第五章 / 132
采购织物

第六章 / 154
纺织品与产品系列

采购采访 / 174

附录 / 198

引言

本书旨在提升读者对纺织品选择、纺织品设计与时装设计三者之间重要联系的理解。纺织品与时装通常被认为是两个相近但完全不同的产业。而现在，设计师不仅可以设计最终的服装产品，还可以通过技术的发展、全球采购来参与设计纺织品。纺织品和时装，传统的书籍通常只选择其一深入阐述，对另一个仅做简要说明。而本书试图提供一个新的角度，深入探讨纺织品与服装这两个产业的相互影响与相互支持。

本书的目的是展现给学生通过正确选择纺织品来达成有创意的、美的、受人喜爱的服装产品系列的必要性。为了实现这个想法，设计师必须要理解纺织品的设计、功能和内在属性与二维概念性的设计转变为三维服装的过程的关系。款式和时尚一直在变化，而好的设计的基石是不变的。技术的进步让纺织品有了新的属性和更多设计的可能性，而对人体来说，形式和纸样的核心关系没有变化。本书提供了关于纺织品和设计的坚实的基础知识，这些知识在当前天马行空的时尚界是非常必要的。

本书适合以下读者：希望了解纺织品的选择如何影响服装设计的全面知识的时装专业学生，希望更好地了解自己的工作是如何影响最终产品的纺织品设计师。纺织品与时装的联盟是广泛的，也是一直在变化的。本书着重于纺织品与时装重要的、有影响力的联系，对两个领域的设计方法提供了可操作的指导。

本书内容是按照专业设计师在构建时装产品系列概念时所需信息的顺序来编排的。首先是对纺织品设计和它对时装的影响进行历史性和产业性的回顾，读者可以从中了解政治、贸易、科技、文化、环境对生产、可利用性和款式的影响。通过把时装使用的纺织品看作是历史的、文化的和社会的艺术形式，学生开始确立时装设计的个人风格和伦理方法。

接下来是对可用来制作纺织品的纤维、不同的生产方法和当前市场上可见到的各种类型的材料的调查。让读者对人造纤维和天然纤维以及纤维通过机织、针织或者其他处理方式制作出来的各种织物有总体的认识。关于整理和染色程序，本书着重于纺织品生产对环境和社会的影响。

设计师学习使用多种方式对基本纺织品进行表面设计，令纺织品得到加强。产业和 DIY 都需要一定数量的装饰应用，包括染色、印花、图案、装饰和织物处理。对织物表面设计的计划和定位的讨论开始了。

有了这些重要的知识，学生可以应用本章的下半部分，进行规划时装线或者时装产品系列所需用的纺织品的概念化、采购和设计。本书内容包括如何划定目标市场，选择灵感来源，思考流行趋势、色彩和廓型主题形象，思考是否需要织物表面设计。在选择的范围内，学生也应关注最终产品每个选择的成本 VS 价值。

下一章节指导学生如何为他们的产品线选择最适合的织物，并为处于不同阶段的设计师提供了关于选择供应链和零售来源的实用信息。常用纺织品的表格中提供了关于面料属性和特点的综合说明。这一部分包括如何创造、设计并生产定制纺织品的指导。

最后一章教授学生如何利用所选择纺织品的各种特点融入可销售的、有凝聚力的时装产品系列中。主要包括选择的纺织品和设计的外界条件，比如可利用性、成本、伦理观念等，以及如何将这些设计有激情且有创造力地结合在一起。本书中也能看到针对某一种织物的特定的创作思考。本书也提供了一些关于二维构想的方法，包括用手绘制和CAD，还有三维的立体裁剪。最后指导学生如何运用信息技术在样本的基础上修改和改善产品系列。

增加的聚焦设计这一部分展示了针对不同市场的设计师在他们职业生涯的不同时期。这些会话展示了专业的采购、创作、概念化的不同方式。

书名的目录展现的是可接触到的时装。对于新手，信息最好以出现的顺序展现。这样，学生对时装中的纺织品和纺织品中的时装的概念形成系统的方法。一旦设计师熟悉了材料，本书就成为手边的参考书。本书应成为使用者不时查阅以确定设计工作方向的常用书。

另外，本书中有学生和专业设计者的绘画作品作为案例。通过本书中的内容——引用、重要信息、图表、聚焦设计和采访——吸引读者的兴趣并令读者感受到时装产业的联系。

第一章

时装产业中
纺织品的角色

要了解时装也应了解纺织品。艺术家对材料没有直接的了解就无法创作最好的作品。时装设计也不例外。好的设计从正确选择面料开始。设计师应如何选择正确的面料呢？

拥有纺织品知识的数据库，你就有充足的准备来提升设计能力，创作优秀的作品。有一定时间的工作积累和了解时装与纺织品的相互作用是很重要的。要考虑织物是从何而来，织物的印花和图案对观看者如何产生影响。根据廓型和结构，设计师必须理解面料的功能性。面料是否挺括？悬垂性如何？是否能够实现目标美感或者某种防护功能？最终成品是否需要特定的（可能是昂贵的）整理方式？如果对于灵感、功能、织物的特性、颜色和质地了解得足够多，就会成长为艺术家。

现在的设计师要面对复杂的考量。世界对于时装产业对环境的影响和生产企业的工作环境十分关注。全球化令很多传统的手工艺逐渐消失。幸运的是设计师还有很多可以选择的纺织品或时装可以选择，这或多或少有积极的影响。要有意识地朝着正确的方向努力。

时尚不只存在于服装中。时尚在天空、在街道，时尚是想法，是生活方式，是发生的一切。

可可·夏奈尔（Coco Chanel）

时装设计元素：环保面料采购

第一章　时装产业中纺织品的角色
第二章　材料
第三章　外观设计
第四章　产品系列概念化
第五章　采购织物
第六章　纺织品与产品系列
采购采访
附录

12

纺织品文化

回首越深邃，前瞻越智慧。

温斯顿·丘吉尔
（Winston Churchill）

纺织品文化史是世界文化史的一个小小分支。每个曾存在的族群都利用纺织品的某种形式围裹身体。在原始社会，衣服只是起保护作用。随着社会文明程度的不断提高，装饰的符号性、围裹身体的方式与世界文化的关系越来越紧密。服装能够表达穿着者在社会中的地位和角色。

作为设计师，了解纺织品、时装和社会结构相关联的历史是很重要的。在人类历史上，纺织品和时装产业影响了政治、生活方式、法律和技术进步。社会结构同样影响服装的款式和时尚潮流。要有创新的眼光，设计师应该了解当前的社会如何影响设计选择，如同当前纺织品和时装产业如何影响产品并为产品设计赋予灵感的。

原始文化

原始文化中，纺织服装的发展与所在地域、功能性息息相关。部落中的人在当地寻找可以用来围裹身体的材料。考古和人类学研究发现世界上有多种动物、矿物、植物应用于纺织品。对于现代设计来说，古代社会的皮、毛、织物、自然染色和装饰元素都是重要的灵感之源。今天的设计师不太注重传统的结构和工艺，更关注可持续性的问题，我们应该寻找、保护原始设计和方法，了解其重要性。

1 立裁和收紧面料以适合人体的技术早期已应用于女性的时装中。

13

纺织品文化
纺织品设计的发展
全球纺织品生产
可持续发展的呼唤
认证与标签
聚焦设计——米索尼（MISSONI）

原始时期纺织品历史

在非洲大陆，原始部落用动物毛、植物纤维制作织物。靛蓝染料是最重要的染料。

原始时期的冰人奥茨（Otzi），1991 年在阿尔卑斯山脉被徒步旅行者发现。冰川使这个新石器时代欧洲男性的全部装备最大可能保存下来，包括有补丁的皮帽、裤子、无袖短袍、牛皮腰带、草鞋以及起保护作用的草编及膝披风。

世界现存最古老的织物碎片是在底格里斯河边的土耳其村庄发现的，经过碳元素测定约为公元前 7000 年制品，是用从类似亚麻的植物中提取的麻纤维制成的。

北美的原始部落主要穿着用动物毛皮制作的衣服，上面精心装饰了珠子、刺猬或豪猪的刺、动物尾巴、羽毛和贝壳。

在亚洲，中国人生产丝绸已经有 5000 年的历史。在亚洲发现的最早的织物碎片是用葛藤纤维制成的葛布，葛藤距今已有 5700 年的历史。

古代

从孤立的陆地部落到古埃及、古希腊和古罗马的文化中心，服装不再局限于使用动物毛皮制作。织布机织造的纺织品变得流行起来。这一时期，利用织物的褶皱设计产生了丰富的廓型和装饰效果。同时，用宝石、珐琅等制作的各种风格的金属扣件、腰带和别针在服装中起固定作用。这种褶皱在现代时装设计中常常借鉴使用。

在古代，最常使用的纺织品是麻，后来还有毛。麻是从茎植物如亚麻茎中的长纤维中提取的，毛是用绵羊或山羊的毛。古代人用不同的方法对服装外观进行处理，如漂白、染色、刺绣，用流苏或珠、片进行装饰。

丝绸之路

从人类已有的历史来看，纺织业与服装业是重要的经济产业。纺织的发展与烹饪、文体的发展同等重要。由于各地区的纤维原料、染料、风格、方法不同，生活在不同地区的人们有着各自的喜好。随着世界贸易的开放，织物成为主要的交易对象。纺织品易于运输，不易腐坏且人人都需要。随着社会的流动性增强，对外来物品的需求也随之增长。在家居或时装上使用国外进口的纺织品逐步成为某种社会地位的象征。

丝绸之路是连接东亚、南亚、西亚和欧洲、中东和非洲的贸易陆路路线。除了陆上的贸易路线，还有海上丝绸之路，通过海上路线连接中国和越南、泰国和印度。从中国到欧洲的路程需要一年多的时间，致使纺织品的价格同黄金一样昂贵。20 世纪早期，中国是世界上最主要的丝绸生产国。

时装设计元素：环保面料采购

第一章　时装产业中纺织品的角色
第二章　材料
第三章　外观设计
第四章　产品系列概念化
第五章　采购织物
第六章　纺织品与产品系列
采购采访
附录

14

2　奈菲尔塔利王后（Queen Nefertari）墓的壁画中古埃及时装的褶、悬垂性和装饰。

3　丝绸之路的商人在古代贸易路程中经过亚洲。选自1375年马略卡岛的手稿。

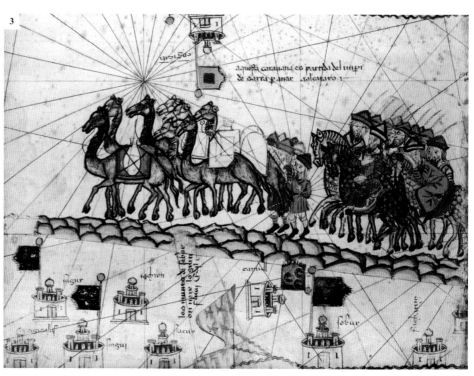

中古时期

社会向北扩张，欧洲成为当时世界的中心。在公元800年，查理曼大帝（Emperor Charlemagne）制定了很多法国、德国和意大利的法律。其中，禁止奢侈的法律中限制了服装的价格，他的帝国发展了时装的社会系统。新型的社会政治结构——封建制度应运而生，帝国一片欣欣向荣。这个系统令中间阶层——商人富裕起来。商人引进了舶来的织物、织工和裁缝，花费时间研究手工艺，深入理解服装的设计、形式和是否合身。富有阶层的服装变得华丽而复杂。女性穿着的裙装，包括精心制作的、有廓型的袖子，合体的紧身胸衣，用大量的锦缎、丝绸以及精致的、颜色鲜艳的棉布做成的宽下摆女裙。服装表面常有刺绣、钉珠、蕾丝、贴花等装饰。男性穿着精美的袍服和紧腿裤。中间阶层穿着用质量略差的麻、棉、毛制成的合体的服装。奴隶无论男女都穿着宽松的毛制袍子，用系带子的方式来使服装合体。所有阶层都穿着一种需要定期清洗的内衣，名字叫"chemise"，一种结构简单的连袖长袍。

15

纺织品文化
纺织品设计的发展
全球纺织品生产
可持续发展的呼唤
认证与标签
聚焦设计——米索尼（MISSONI）

16 世纪

在 16 世纪，法国里昂和意大利北部一些城市因织造进口生丝而闻名。这个世纪可以看到新世界生产的改变。墨西哥的织工和纺织品工人生产各种缎、天鹅绒和其他用中国生丝制作的织物。

时装成为精确的地位象征。当时流行在人们的服装上用衬垫来形成特别的服装廓型。法律规定人们的穿着要符合社会地位，如果穿着高于所在阶层的服装会被逮捕或处以罚金。当时流行一种时尚"slashing"，将外面的衣服撕裂出一些口子，露出内层精美的内衣或对比强烈、颜色鲜艳的面料。这风尚就是涓滴效应的一个例子，即时尚从社会的高阶层开始，从贵族和军人阶层向普通百姓传播。

17 世纪

17 世纪，欧洲的机织和刺绣纺织品被大量地使用，从而被认为是低阶层人民使用的便宜货。而印度手工印制的鲜艳花卉图案的纺织品占据着欧洲的市场。欧洲纺织品工厂很难制作这类印花棉布，这些印花棉布成为当时最高端的面料。为了满足欧洲的市场需求，印度设计师减少了手工印花织物的数量，更多地使用模版印花织物。纺织品设计师将华丽的装饰元素雕刻于木版上，再将木版浸于媒染染料中，最后通过手工将图案印制于织物上。

鱼骨（用木、象牙或骨制成长条状）穿于织物之中，制成有结构和形状的紧身胸衣，减少了蕾丝的使用。带有刺绣的内裙从女士外裙边若隐若现，紧身胸衣露出肩部。17 世纪，时尚配饰是有跟鞋或有跟靴。

4

时装设计元素：环保面料采购
第一章　时装产业中纺织品的角色
第二章　材料
第三章　外观设计
第四章　产品系列概念化
第五章　采购织物
第六章　纺织品与产品系列
采购采访
附录

17

纺织品文化
纺织品设计的发展
全球纺织品生产
可持续发展的呼唤
认证与标签
聚焦设计——米索尼（MISSONI）

印花布的影响

纺织、服装和社会的共生的完美例子就是印花布。印花布的历史影响了贸易、时尚、法律、政治、工业发展和发明。

印花布指薄机织棉布，有重复的图案，一般为花卉或者与自然相关的内容。这种面料来源于亚洲，主要是印度和土耳其，通过丝绸之路进入欧洲。印花布在家居和服装上的广泛使用，威胁到了欧洲本地不够标准的印花织物，导致很多地区禁止家用或生产所有的印花纺织品。

最后，铜版印花的发明改善了欧洲印花供应状况。在欧洲，对更高品质的印花布的需求增长时，流行直接影响与美国的贸易，在美国新的棉工业正在发展。

在欧洲，制作印花织物的新方法和永久染料不断地发展，以期代替高质量的亚洲印花布。

爱尔兰印花艺术家威廉·基尔伯恩（William Kilburn）的多色印花产品非常受欢迎，以致他要付出费用来保护知识产权。1787年5月，通过了第一个艺术版权法律，"鼓励授予设计印花麻布、棉布、印花布和薄细棉布设计师、印花师一定时间的所有权"。

18 世纪

1752年，爱尔兰设计师弗兰西斯·狄克逊（Francis Dixon）发明了铜版印花。铜版雕刻工艺可以实现在浅色调织物上印刷精致的单色图案。图案展示了18世纪的生活场景、神话故事、狩猎场面、田园风光和花卉等。结果，这种印花棉布成功地令印花织物的禁令取消了。现在，这种被称为"约依印花布"大量生产于法国茹伊昂若萨的一个工厂里。刺绣仍然是皇室和宗教服装的重要外观装饰元素，由专门的工匠制作。

在18世纪自由思考社会的洛可可时期，时装的结构不那么死板了，面料厚重、颜色灰暗的巴洛克时期过去了。色彩柔和的精美面料制成的服装更贴合人体曲线。到18世纪末，时尚似乎又回归朴素的古希腊、古罗马的褶皱风格。薄棉平纹细布成为常用服装面料，不再使用有塑身作用的紧身胸衣。

19 世纪和工业革命

19世纪，纺织工业机械制造业的发展使世界处于重要的工业转折点。在英格兰的第一家纺织工厂，使用的是可以代替八个纺纱工人的詹妮纺纱机。随着棉织物的流行，美国成为纺织业生产的领导者，供应欧洲大量未加工的棉纤维。美国东部海岸开设纺织工厂。皇帝拿破仑·波拿巴（Emperor Napoleon Bonaparte）提供财政支持，加上爱国主义理念，法国的丝生产保持强劲的状态。

19世纪主要的技术发明包括蒸汽发动机为动力的织机、提花织机、滚筒印花机、动力型织机、多色滚筒印花及机械化蕾丝生产。除了机械发展，时装开始应用化学，特别是在染色业。1856年，威廉·亨利·帕金斯（William Henry Perkins）偶然发明了世界最早的合成化学染料，十年内，合成染料能染出各种颜色。所有这些带来的是人力成本。大量工厂取代了艺术家的店铺。技术商人失去了地位，没有生计。没有技能的工人薪水很少，且要长时间在不安全的环境下工作。工业浪费成为服装业的副产品。

4 18世纪晚期爱尔兰印花艺术家威廉·基尔伯恩（1745—1818）的印花面料

时装设计元素：环保面料采购

第一章　时装产业中纺织品的角色
第二章　材料
第三章　外观设计
第四章　产品系列概念化
第五章　采购织物
第六章　纺织品与产品系列
采购采访
附录

18

5　被誉为第一位时装设计师的查尔斯·弗雷德里克·沃斯晚礼服作品

6　1900年在美国建立的纺织工厂，产品用来满足日益增长的消费需求

19 世纪 50 年代至 20 世纪

在英格兰，中世纪的工艺美术运动是对手工艺术缺少技术的反击。由威廉姆·莫理斯（William Morris）领导的莫理斯公司，更注重应用自然提取的纺织染料的手工拔染印花，而不是新的工业染料。工艺品图案最终发展为新艺术派风格，新艺术派风格为自然形态和流动、曲线线条。

19 世纪出现了第一个时装设计作坊。纺织专家和服装制作者查尔斯·弗雷德里克·沃斯（Charles Frederick Worth）在 1858 年建立了沃斯之家。作为传统的作坊，沃斯之家为他的客户设计时装。区别于当时很多其他服装制作者，沃斯之家使用真人模特来展示成衣时装。沃斯被认为是第一位使用时装草图而不是制作时装来详细表现设计的设计师。

20 世纪初至 20 世纪 20 年代

20 世纪的初期是创造、世界连通性和款式的新时期。在 19 世纪工业发展的基础上，世界开始以过去从未有过的步伐改变。在纺织业，化学的进步使人造纤维诞生了，出现了合成织物。在 20 世纪的第一个十年，使用从木头抽取的纤维素化合物制作成合成织物，包括醋酸纤维织物、黏胶纤维织物和人造纤维织物。化学还带动了工业染料的进步，出现了还原染料，这种染料具有更好的抗日晒和耐洗涤性能。

随着工厂的开设和纺织业的工业化，女性职工的数量也在增长。时装生产企业成为接近大众的商业企业。带有精美流行时装款式插图的时装杂志非常流行。女性的时装廓型为长款高腰。像保罗·波烈（Paul Poiret）、马瑞阿诺·佛坦尼（Mariano Fortuny）、麦德林·维奥涅特（Madeleine Vionnet），这些受古希腊和东方影响的设计师，发现了新的方式来设计女性时装，如立体裁剪、垂直褶皱、染色、斜裁。

19

纺织品文化
纺织品设计的发展
全球纺织品生产
可持续发展的呼唤
认证与标签
聚焦设计——米索尼（MISSONI）

随着现代生活模式的演变，运动装的角色无人能比。

Vogue 杂志，1926 年

1925 年至 20 世纪 40 年代

随着第一次世界大战的结束，放松的现代社会第一个十年影响了男性和女性的时尚。到 1925 年，兴旺的 20 年代，女性常穿着短裙和裤装，男性穿休闲的运动装。20 世纪初期发明的双反面平型纬编机大大提高了针织品的产量。设计师可可·夏奈尔经典简洁线条的针织套装影响了时尚。简单、质朴的潮流一直延续至 30 年代。世界经济刚摆脱大萧条，实用与约束依然是时装的主流需求。设计师的注意力都放在日间服装上，日间服装主要为简单的裁剪，多为分体式（而不是连体式），使用价格便宜、结实的面料。第一次世界大战和第二次世界大战影响着服装的发展，例如服装上的肩垫、硬朗的廓型以及口袋设计。世界上第一种真正的合成面料——锦纶面世，并迅速应用于袜子和服装上的拉链。

1945 年至 20 世纪 50 年代

第二次世界大战到来时，人们为了适应战时和萧条节衣缩食。克里斯汀·迪奥（Christian Dior）的 NEW LOOK 将时尚潮流带离了早期的苗条的结构廓型，再引入贴身上装和宽下摆的裙子，展现柔和的女性气质。战时主要针对家庭和纺织工业技术的制造企业开始转向制造新合成面料和容易打理的服装。锦纶、易清洗的涤纶、有弹力的氨纶、柔软的人造丝面料，让设计师不断地创作出新的款式，而大工业生产则将这些设计快速地成为批量、便宜的时装。

在 20 世纪 50 年代，工业技术和机械设备的进步，改变了人们的生活，人们的闲暇时间增多了。摇滚、电视和年轻人创造了新的青年文化。便宜的容易洗涤的面料、休闲的生活和新的青年市场带来了过去从未有过的女性时装款式的最大变化。用合体的弹性织物制作的休闲风格的裙子、裤子、日间穿着的合成面料露肩内衣，易于洗涤的大摆裙和浅色套装都是当时流行的款式。时装方面两个由底层逆流到上层进而流行的趋势在男装方面开始，并且延伸至女装。被马龙·白兰度（Marlon Brando）在《飞车党》里演绎而永恒的蓝领工作服、T恤和牛仔裤成为美国时尚标杆。

7　第二次世界大战期间，女性时装廓型剪裁更贴合身体，裙底边线提高，用的面料更少

时装设计元素：环保面料采购

第一章　时装产业中纺织品的角色
第二章　材料
第三章　外观设计
第四章　产品系列概念化
第五章　采购织物
第六章　纺织品与产品系列
采购采访
附录

20

8　带有 1960 年代的符号，英国女演员、积极分子简·柏金（Jane Birkin）在浪漫的 60 年代的外表，由奥西尔·克拉克（Ossie Clark）设计

20 世纪 60 年代

20 世纪 60 年代初，美国和世界上的很多国家都注重军备竞赛，甚至登陆月球。在时装和纺织行业，这种转变开启了未来风格的廓型、印花和材料。被抽象艺术影响的纺织品设计主要为欧普设计和块状黑白图形。时装设计师伊曼纽尔·温加罗（Emanuel Ungaro）和帕科·拉巴纳（Paco Rabanne）用非织物的材料，如纸、木头、金属和塑料来制作非常短的、模块式的外观设计。工业用纺织品乙烯基应用于时装上，芳纶——世界第一个防火并抗磨损的纺织品出现了。时装廓型变得浪漫、怀旧。迷幻意识蔓延，对东方宗教哲学的痴迷影响了从印花图案、廓型到面料的选择。

20 世纪 70 年代的经济改革，鼓励纺织制造业从欧洲、美国迁至不太发达的国家或地区。随着合成纤维的发展，涤纶用于制造有天然纤维面料属性且便宜的仿制品，提高了在时装业中合成纤维的用量。同时，对环境的关注和传统艺术的缺失带来可持续性意识的激起和时装手工艺的复兴。设计师唐娜·卡伦（Donna Karan）用她设计的合身围裹裙令女性惊叹，薇薇安·韦斯特伍德（Vivienne Westwood）用朋克风格展示她的时装世界。美国和欧洲的主流设计师与极简抽象风格的川久保玲（Rei Kawakubo）、山本耀司（Yohji Yamamoto）等日本设计师共享时装舞台。

20 世纪 80 年代

在 20 世纪 80 年代，时装的廓型是设计师们的运动场，没有某一外观能主宰跑道。结构的、非结构的、内衣外穿、夸张的肩型、有形体意识的弹性款式、泡泡裙、草原裙；街头装、夜总会装、说唱、摇滚，罗兰·爱思（Laura Ashley）的旧世界浪漫花香、斯蒂芬·斯普劳斯（Stephen Sprouse）的涂鸦印花、中性化的摇滚符号乔治男孩和安妮·蓝妮克丝（Annie Lennox）……1980 年代，包罗万象。这个年代格外特立独行，时尚标签作为地位象征几乎渗透市场的所有层级，从高端的 Gucci 套装、LV 手袋到街头的运动装 Adidas 和 Puma。

21

纺织品文化
纺织品设计的发展
全球纺织品生产
可持续发展的呼唤
认证与标签
聚焦设计——米索尼（MISSONI）

9 社交名媛阿格妮丝·迪恩（Agyness Deyn）在斯蒂芬·斯普劳斯（Stephen Sprouse）的 Louis Vuitton 设计作品会上

20 世纪 90 年代

1980 年代夸张的时尚潮流过去了，1990 年代的十年慢慢平静下来。世界经济状况急剧下降，工装、摇滚乐和邋遢摇滚的影响从美国西北部开始蔓延。以法兰绒格子衬衫、二手店 T 恤、破洞牛仔裤和工装靴为特征，设计师马克·雅各布（Marc Jacobs）将邋遢摇滚风格演绎成完全成熟的风格，声名远扬的 1993 年春季产品系列佩里·埃利斯（Perry Ellis）。不是每个人都迷恋层叠和破旧的外观。很多设计师努力让服装达到极简化的庄重。漂亮简洁的廓型、中性的色彩、高品质且有高科技含量的面料，代表实用主义的外观，设计师海尔姆特·朗（Helmut Lang）、缪西娅·普拉达（Miuccia Prada）、吉尔·桑达（Jil Sander）令这种外观成为流行。在年轻人市场，狂欢俱乐部装、黑暗哥特外观、1960 年代和 1970 年代的极端时装占据主导地位。可持续环保发展体现在可回收、反对毛皮和对环境友好的纤维方面。

2000 年至今

进入 21 世纪，有一段时间很难定义什么是时尚。互联网即时信息和购物、世界主导的同质化大盒子商店、全球贸易、时装生产企业向劳动力成本更低廉的国家或地区转移，以致数量减少，这些是当今世界理解时装的代价。人们被突然的低成本、快时尚的服装冲击，反时尚的人数有所增长。这些看起来，这趋势提供了一些有趣、积极的道路。年轻的利基设计师应感谢互联网，能够以经济可行的方式发展生意。不昂贵的时装流行的结果，是知名设计师要考虑他们的奢侈产品。这种经济不可行性的自我反省带来了高端——低端时装的合作，如 Versace 和 H&M、Mary Katrantzou 和 Topshop、Missoni 和 Target，让普通人群付出低成本就能拥有设计师作品。全球化的积极方面基于传统纺织手工艺品的微观经济学和来自非洲、阿根廷和印度的新生设计师影响力的提升。快时尚的超级生产表令世界意识到纺织时装业的发展对环境影响的代价。工业的可持续和社会改革成为 21 世纪设计的特点。

时装设计元素：环保面料采购

第一章　时装产业中纺织品的角色
第二章　材料
第三章　外观设计
第四章　产品系列概念化
第五章　采购织物
第六章　纺织品与产品系列
采购采访
附录

22

非洲和亚洲的传统纺织品

Adinkra（非洲，加纳）

有图章印花和刺绣的染色棉制机织物。

Adire（非洲，尼日利亚）

通常是靛蓝色的。用酒椰纤维或木薯糊通过扎染或防染制成的套染织物。

Damask（阿拉伯半岛）

通常为单色。利用经、纬长浮线形成图案的双面织物，在不同角度下织物的光泽不同。

Kente（非洲，加纳）

用红色、黄色、绿色、蓝色、金色、白色和黑色表现信仰和风俗的有图案的机织面料，图案用于表现宗教、政治、金融地位或者特殊的场合。

Mud（非洲，马里）

手工纺制或机织的条纹织物，用黄色树皮染料染色，发酵泥印花。代表色为渐变的白色、黄色、紫色、浅棕色、深褐色、锈红色。

Shibori（亚洲，日本）

经过捆绑、折叠、缝制、覆盖、拧绞、挤压来对丝、棉、麻织物进行染色，传统为白布染色为茜色（红）、靛色（蓝）或紫色。

纺织品设计的发展

纺织品设计的两个重要的方面是印花和材料。当今很多常用的纺织品是直接受到传统纺织品所赋予的灵感而设计出来的。设计师要经过长时间的挖掘过去来寻找灵感。正如在上一部分所说，很多传统西方纺织品和时装的影响来自欧洲、亚洲和美洲文化。在今天的全球化社会里，不断扩展知识来更多地了解世界历史是很有价值的，多元文化的知识也为世界的服装款式做出了贡献。设计师以尊敬的态度看另一种文化以寻求灵感是势在必行的。

非洲

非洲纺织品用棉、动物毛、丝、酒椰纤维、树皮和麻制成。图案可用来作为根源、灵感和民俗的交流方式以及纪念活动或者表明地位。意像被高度风格化为象形或者符号式的重复图案。图案通过点染经纱或在经纱或纬纱均织入厚条色条的方式织入织物。图画式的印花通过图章印花、刺绣、贴布或手绘的方式实现。色彩为大地色：土壤和植物的褐色、绿色，氧化金属的红色，槐蓝属植物的蓝色和紫色。

亚洲

亚洲因其先进且发展较早的丝制纺织品而闻名，丝制纺织品主要供贵族穿用，作为出口产品进行贸易。另外，植物来源的纤维是大麻、苎麻（一种普通的园林杂草）和棉，这些是普通大众所能穿用的。印花锦缎起源于中国。装饰的方法还有精致的刺绣、丝网印刷、木版印刷、防染、绞染技术和手绘。图案纹样为花、动物、风景和生活景象的风格化的写实。几何图案和曼陀罗图案象征政治信仰、家庭和灵性。

23

纺织品文化
纺织品设计的发展
全球纺织品生产
可持续发展的呼唤
认证与标签
聚焦设计——米索尼（MISSONI）

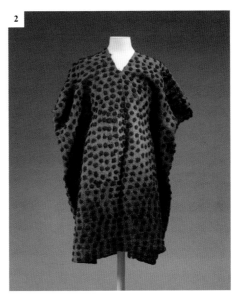

1 非洲的影响：在 2012 秋季 Burberry Prorsum 的天桥上，机器印制的基于传统 Kente 布的非洲图案。

2 传统非洲服装：19 世纪末 20 世纪初用于伪装的上衣，图案象征豹。bamilike 王国，喀麦隆的草地。植物纤维和人的毛发。

3 传统亚洲服装：武士外套，日本江户时代。丝、毡、金属线、漆木。

4 亚洲的影响：Christian Dior 2007 年春季高级定制系列。

时装设计元素：环保面料采购

第一章　时装产业中纺织品的角色
第二章　材料
第三章　外观设计
第四章　产品系列概念化
第五章　采购织物
第六章　纺织品与产品系列
采购采访
附录

24

印度和欧洲的传统纺织品

Chintz（印度）

有印花图案的光滑的机织棉织物。

Fair Isle（欧洲西北部）

不超过五种颜色的图案针织品。先织选定颜色的纱线，来用于图案的其他颜色的纱线浮在织物背面。

Linen（中东，欧洲东部）

亚麻的长纤维制成的机织物。多数类似古老的男性用织物，织物透气透湿性能好。

Velvet（亚洲，欧洲）

有短而厚的绒头的斜纹织物或缎纹织物，起初为丝织物。猜测可能是经丝绸之路来到欧洲，在意大利变得更为完美。

印度

印度因其早期生产的精细的机织丝织物和棉织物而闻名。克什米尔地区因精致的毛织物而闻名。在印度，织物表面的装饰被认为最有价值。民间刺绣为在几何或图像的图案中装饰小镜子、珠子、打结。在布料上用花卉或几何图案饰边。蜡染防染和扎染技术应用于整块布料或者用于纺织的线。印度最知名的是它手工印花或木版印花花卉图案。

近东地区

服装用纺织品的原料是棉、进口的丝和本地的毛。许多织物都很轻。机织的几何图案、条纹或格子是基于斜纹织造技术制成的。服装上用精致的刺绣装饰，白色或多色鲜艳的线做链式绣或十字绣。毛或棉的自然中性色调，如白色或基本色调产自本土，做点缀的颜色用调色板调出。在古代，近东地区的强烈色彩的茜草色调备受喜爱。

欧洲：北部和西部

欧洲的维京人是少数的将计数编织作为传统织物的人群之一。纱线取自动物毛。Naalbinding，用一根针的编织形式，似乎早在中世纪就存在了。在针织和机织的纺织品上的图案表现了雪花和风格化的动物。此地最著名的机织品是苏格兰格子呢或格子花呢，应是在公元前400年就有了这些在经、纬向重复条纹的厚格子图案。

欧洲：中部和东部

和人一样，不同地区的服装也不一样。在气候寒冷的地区，人们常穿用羊毛机织物、厚重的织物、绒织物和动物毛皮等制作的服装。纺织品一般以白色或黑色为基色。装饰为红色、白色、蓝色、金色或黑色的刺绣或机织花卉动物图案。在女性服装中，漂亮的褶、蕾丝领和钟形裙很流行。男性常穿着外衣和土耳其风格的马甲。

25

纺织品文化
纺织品设计的发展
全球纺织品生产
可持续发展的呼唤
认证与标签
聚焦设计——米索尼（MISSONI）

5

5 传统欧洲服装：挪威 Sogn 女
性古老雕刻肖像。作者不详，巴
黎环游世界发布，1860 年。

6 欧洲的影响：将传统斯堪的
纳维亚针织图案印于机织物上。
D&G 秋 / 冬 2010 年。

6

时装设计元素：环保面料采购

第一章　时装产业中纺织品的角色
第二章　材料
第三章　外观设计
第四章　产品系列概念化
第五章　采购织物
第六章　纺织品与产品系列
采购采访
附录

26

美洲的传统纺织品

Brocade（亚洲，南美洲）

以紧密的经纱为地，利用浮起的纬纱形成凸起图案的装饰丰富的机织物。中国锦以丝绸上有金线银线为特色，南美洲的玛雅人在后带织机上使用鲜艳的染色棉纱。

Serape（中美洲）

开始是用丝兰、棕榈或龙舌兰纤维制成，后来改用棉纤维。条纹或几何图形纺织品，起始端有洞，末端有流苏。通常为暗色，亮色饰边。

北美洲

北美洲的土著部落多用动物毛皮制作服装。通常用整张动物皮，基本廓型用骨针和肠线缝制。每片都用流苏、穗子、羽毛、编带、错综复杂的豪猪刺和贝壳珠装饰起来。基本图案常常是自然界的符号化表达，描绘神或动物。现在的设计师常以这些作参考：机织或夹棉的纳瓦霍毯、西北海岸奇尔卡特人手工织制的礼仪披肩和手工雕刻的图腾柱。

中美洲和南美洲

中美洲和南美洲的当地人认为服装能够改变一个人。他们喜爱颜色鲜艳、图案繁复的面料。伊卡特织物在全球很多地区都有，在颜色配置和图案方面特别先进，是利用后带织机的小棍缠绕纱线来准确地控制图案。纺织品装饰还包括织锦、挂毯、刺绣和扎染。大多数地区都被丰富的热带雨林覆盖。矿物、动物、植物让这里生活的人们能够利用丰富的自然色彩，柠檬绿、亮粉、靛蓝——简直是完整的彩虹色。通过不同设计和颜色的图像表示地位、宗教和村庄。主题常是人、植物或动物。

27

纺织品文化
纺织品设计的发展
全球纺织品生产
可持续发展的呼唤
认证与标签
聚焦设计——米索尼（MISSONI）

7 北美洲的影响：流苏、珠子、印花意味着北美洲土著原始部落风格，安娜苏（Anna Sui）2008秋秀。

8 传统的北美洲服装：卡里斯贝尔女孩的照片，加拿大第一个土著部落。

9 传统的中美洲和南美洲服装：市场中传统装扮的玛雅人摊贩。

10 南美洲和中美洲服装：以玛雅文化为灵感的刺绣，马修·威廉姆森（Matthew Willliamson）2008春夏秀。

时装设计元素：环保面料采购

第一章　时装产业中纺织品的角色
第二章　材料
第三章　外观设计
第四章　产品系列概念化
第五章　采购织物
第六章　纺织品与产品系列
采购采访
附录

28

1　纺织品生产从欧洲迁移至亚洲。

全球纺织品生产

　　正如我们所看到的，世界各族人民都有自己的纺织品。每个地区的原材料、装饰方法都是独特的，但结构方法有着很多的共同点。几乎每个国家的传统纺织品都保持重要的文化所指。在过去的几十年里，世界变得越来越容易沟通交流，很多地区开始工业化。纺织品和时装生产向人力成本低廉、法律束缚不太严格的生产地区发展。很多传统的工厂和艺术工作室为了生存和参与竞争努力奋斗。

历史

　　通过纺织品和时装的历史，可以看出在现代社会欧洲的时装业占据主导地位。欧洲，随后是美国，于17世纪中期开始在纺织品工业制造业进行革新，在这些地区生产出高质量高技术含量的织物。在过去的大约四个世纪，多数西方世界国家实现纺织品和服装的生产。

　　欧洲的一些国家和美国的一些州承担了特定纺织品和时装的大部分生产量。在意大利，很多小型、中型的工厂在南部生产时装，在北部生产纺织品。那不勒斯因其皮装的特别工艺而闻名。法国是时装设计，特别是高定时装的领导者。它的纺织品生产因质量好且有品牌联合而保持较强的竞争力。英国在纺织领域时时有技术革新，到20世纪70年代末一直以服装产量而闻名。美国在纺织工业方面一直是领导者，但纺织品和服装制造在过去的几十年里下滑很厉害。

29

纺织品文化
纺织品设计的发展
全球纺织品生产
可持续发展的呼唤
认证与标签
聚焦设计——米索尼（MISSONI）

当今的纺织品生产

纺织服装工业的迁移开始于 1978 年。直到国际贸易限制、设计、工程、经济、管理和营销形成，新兴工业经济开始分享市场份额，大量的生产移至中国、韩国、印度，2005 年后开始移至土耳其和东欧。导致这些现象的因素包括，发达国家消费者在服装上的花费减少，20 世纪 70 年代的经济衰退，折扣店和连锁店的增长，每年季节性时装系列的增长，工业生产中自动化纸样裁剪系统、电动生产机器和计算机系统的发明与使用。中国 1978 年的经济改革、世界贸易组织的成立，鼓励欧洲和美国的大型纺织服装企业进行调整。为了竞争，很多企业开始实行国内设计和创新、多数制造工序移至海外低成本工厂的运营模式。

对未来的期望

像中国、印度，现在越来越需要可行性经济，很难预测制造业会如何发展。现在已经有一些生产转移至一些小的、不发达国家，如柬埔寨、印度尼西亚。对环境的关注和社会责任感很可能促使全球政策出台，如世界生存标准，而这样会导致市场价格更均衡。美国和欧洲的一些工厂仍在坚持，另外重新开设了一些工厂，试图带来工作机会和提升制造业经济。事实上，针对贬低时装制造工业的情况，出现了世界范围的激烈反应。人们逐渐认识到将技术和设备转变为新的生产力不能补偿无形的时尚：设计知识、技术工人、妥善的管理和产品专业化。很多国家和文化保护协会正在为保护随时间渐渐失传的传统艺术制造而努力。设计师和专家使用这些方法成为流行。从当地进口传统服装是始于 20 世纪 80 年代的公平交易运动。现在时装设计师常与当地人合作，携手进行面料或时装系列主题设计，将现代设计与传统技术结合起来。同时，一些著名设计师，如美国设计师安娜·苏（Anna Sui），出于个人原因选择本土制作。这种款式设计具有吸引力，保留了商机。

时装设计元素：环保面料采购

第一章　时装产业中纺织品的角色
第二章　材料
第三章　外观设计
第四章　产品系列概念化
第五章　采购织物
第六章　纺织品与产品系列
采购采访
附录

30

可持续发展的呼唤

在时装制造与生产跟随着技术和经济迁移的过程中，一些东西流失了。近几个世纪，化学工业的发展带来令人惊叹的工业染色和纺织品整理方法，同时使服装生产成为对环境污染严重的行业。公司工业的发展令很多小型的家庭或团体企业倒闭，不安全且缺少职业道德的职位增多了。英国政府经过了一段时间考量生态需要，将重点放在制定政策来修正用即弃的方法和导致浪费的管理方式。很多国家没有成立工会组织，政府不进行监督来保护人权。综合这些因素，新兴发展中国家的公司贪婪地且经常急切地将经济状况置于首位，要形成可持续化发展的、合理的时装工业，还有很多的路要走。

生产线环保化

一些设计师因怕会被限制于预想的想法或者只是没有兴趣而抵制设计环保化。除非工业可以可持续化发展，否则不会再有美妙的前景。每一位新设计师或者即将成为设计师的人应知道如何在工作中考虑到工人的人权和环境保护。设计师应学习在灵感和概念的最终展示的舞台上包含这些想法。

一个人不需要成为"绿色的"设计师或者因为将可持续性铭刻于生产线上而得到赞美。现在，并没有对可持续性问题的准确回答。有的是选择、组合因素和每个人的小小改变，这能使工业有更清洁的未来。设计师能做的最好的事情就是接受教育，可提供与他们的顾客和产品有关系的选择。在设计的每个阶段，制造过程和产品生命周期，都有对环境友好的选择。不是每个可选择项都适合每个设计师或者每个产品。然而，越来越多的时装公司补充了这些选项，这些选项唾手可得，会更便宜，更符合第二天性。

31

纺织品文化
纺织品设计的发展
全球纺织品生产
可持续发展的呼唤
认证与标签
聚焦设计——米索尼（MISSONI）

1 阿富汗的一位农民在采摘有机棉花。

1

2

2 美国芝加哥中午设计工作室的自然染色色卡。

社会责任感

除了要考虑与纺织品、服装有关系的材料以外，还应该考虑生产中人的因素，包括纺织品或服装的生命周期中所涉及的人。最需要关心的就是工厂工人的人权。意识到这个问题非常重要，任何工厂的生产环境都应该被关注。设计过程中还有一些不那么明显的体现社会责任的方式。有的公司重视通过职工结构实行公平分配，根据最低工资来限制最高工资水平。实习生一般为社会最低工资，或者是通过教育交换系统得到报酬，因为他的时间用来学习而不是用来完成实习任务。设计师可以选择供给和制造系统本土化、工业本土化或者和专有的小厂商合作。新的发展中国家的一些生产合作社提供了有质量保证的生产，让整个团体免于破产。不断地有公司加入团体，从基础开始建立贸易结构，成为管理综合体的一部分。

另外，设计师的工作可以使消费者关心他们的产品。设计师通过标明清楚最佳洗涤方式帮助改变消费者的习惯。设计师也可以强调一些选择而产生正面影响。通过大范围的正面选择可以教育公众，我们需要完整的系统性改变。

迈向绿色
从五个简单的问题开始

1 谁? ——"谁"是与制造和供应生产线相关的所有人。如果你是制造者或当地采购，建议停下设备，看看自己是否觉得环境舒适。还要考虑时间、工会和是否付给工人可维持生计的工资。当面对海外或者非本地的制造者时，可查询网站，了解社会责任的内容，或者联系公司要一份证明文件的复印件。加入工会的劳动力是最理想的。

2 什么? ——用来制作服装的材料是最直接开始可持续发展的环节。既然没有制作绿色产品的最完美的答案，设计师有很多的选择。对于小型设计公司而言，很容易开始以升级回收物、回收布料、自然染色和可持续性的表面设计来创造。如果你为大型设计公司工作或者有大的生产量，就有优势可以降低价格直至最低。这聪明的决定应在可承担的情况下保持可持续发展，令产品更有意义。

33

纺织品文化
纺织品设计的发展
全球纺织品生产
可持续发展的呼唤
认证与标签
聚焦设计——米索尼（MISSONI）

3 哪里? ——谈到可持续发展，本土化是一个符合逻辑的答案。在当地制造和采购可以使经济流通，节省了运输成本，减小碳排放量，让人容易了解产品是由谁制造和如何制造出来的。生产本土化并不总是可行的。如果必须到不同的国家或地区采购，那就那样去做。会有很多种选择可作为在本地生产的奖励。一个伟大的选择就是由女性主管的小型合作社开始运营微型贷款计划项目。这个合作社利用令人惊叹的手工艺提供有质量保证的作品，帮助整个团体都有工作可做。

4 如何做? ——这个问题应早些提出，并且贯穿整个设计周期。利用聪明的设计和排板可以避免纺织品的浪费。制造工厂如何处理废弃产品，这很容易通过查询网站或直接要求处置回收方案或证明。作为一个小设计师，你可以找到当地纺织品回收处并每月将你的废弃品送至那里。产品设计周期的每一步有可持续发展的选择，经过研究和计划令环保会成为第二天性。

5 为什么? ——这个问题应在设计程序开始前和服装完成后考虑。为什么要创造这件产品？为什么顾客看重这件产品？为了给设计增加持续性，研究这个问题是有必要的。通过考虑"为什么"，设计师可通过革新设计、有品质的材料和情感价值来延展一件时装的用途或生命周期。相应地，价值高的时装能让我们摆脱用即弃的快时尚。

时装设计元素：环保面料采购

第一章　时装产业中纺织品的角色
第二章　材料
第三章　外观设计
第四章　产品系列概念化
第五章　采购织物
第六章　纺织品与产品系列
采购采访
附录

34

1

1　国际公平贸易标志

2　（对页）普通洗涤护理符号

认证与标签

　　纺织和服装工业是大型商业。像所有综合制造工业一样，产品和制造过程通过认证、关税、贸易法律和标签组成的系统来控制。这些分类是偏好的问题，也是法律的问题。在现在这个全球化沟通和电子商务的时代，很可能采购、制造、销售都已经国际化了。熟悉国际贸易这个系统很重要。即使所在的公司没有国际性事务，很多系统在国内也有应用。如何应用产品分类是令人生畏的艰巨任务。通过商务指导、网站和政府机关很容易获得相关信息，记住这一点很重要。记住，只需要知道与产品和交易直接相关的信息就可以了。

认证

　　认证适用于制造流程或者产品，是确保其附加价值与质量的自愿分类。产品证书保证产品性能、质量及产品是否符合合同、法规或说明书中规定的资格标准。制造证明书证明设备符合通用管理系统标准（GMSS），通用管理系统标准适用于各种规模的企业、公共管理部门和政府机关的质量管理、环境管理或人权管理。独立的认证机构出具所有的工业鉴定。认证机构是国际范围内研究评量标准的政府机构或者私人机构。他们指导工业评估，并且派出专家调研标准是否符合实际。

35

纺织品文化
纺织品设计的发展
全球纺织品生产
可持续发展的呼唤
认证与标签
聚焦设计——米索尼（MISSONI）

2

普通家庭洗涤指导和符号

代码编号	护理符号	文字护理指导	含义
洗涤 MW_Norm		普通机洗	可以用热水、洗衣粉或肥皂、搅拌洗和洗衣机洗涤
MW30C	30C /	冷水机洗	初始水温不超过30℃或65~85°F
MW40C	40C /	温水机洗	初始水温不超过40℃或105°F
MW50C	50C /	热水机洗	初始水温不超过50℃或120°F
MW60C	60C /	热水机洗	初始水温不超过60℃或140°F
MW70C	70C /	热水机洗	初始水温不超过70℃或160°F
MW95C	95C /	热水机洗	初始水温不超过95℃或200°F
MW_Pres	**注意：** 在所有的洗涤程序中都用点表示温度	机洗免烫	可以用有洗涤免烫功能的洗衣机洗涤，在较短、较慢程序脱水前可以降温或冷水漂洗
MW_Gentl		轻柔机洗	可以用有轻柔洗涤功能的洗衣机洗涤，或者减少洗涤时间
Hndw		手洗	可以用水、洗衣粉或肥皂洗涤，轻柔手洗
W_DoNot		不可水洗	不适合洗涤程序，一般干洗
漂白 B_Any	**注意：** 所有（98%+）可洗涤的纺织品可以用某种类型的漂白剂。如果没有提到不可漂白，那么就可以使用漂白剂	可以漂白	在洗涤程序中可使用任何市售漂白剂
B_NonChl		非氯漂白	在洗涤程序中只可使用不会使衣服褪色的非氯漂白剂，不可使用含氯的漂白剂
B_DoNt_S		不可漂白	不可使用任何漂白剂，衣服的色牢度或结构不适于任何漂白

商标

世界上所有的纺织品和时装都有商标，但是不同的国家商标的要求和强制项目不同。针对不合作或有商标欺诈行为的企业，很多国家执行严格的处罚制度。纺织品的商标系统是标准的国际分类。每个国家规定所有的纺织品上至少标明以下几个类别：纤维成分、原产地、护理方式、尺码和制造商信息或进口信息。每个国家都规定了商标使用语言。所有规定都可以通过进口代理商或政府贸易管理局查询到。除了上述类别，美国要求商标要有制造商、进口商、分销商信息，纺织品或毛皮制品销售要有商品名或者提供已注册的识别码（RN）。

关税和贸易法规

关税和贸易法规由独立的政府制定或者由不同的政府联合制定。了解关税和贸易法规很重要，这直接影响你的贸易底线。关税和税由政府根据进口产品的价值征收，包括运费和保险。另外，还需要支付国家或地方的销售税或报关费。还应该关心本土的税费，如主要城市、地区、州或省都有自己的纺织品或服装的税收系统。贸易法规规定法则，海关操作国家间的贸易。这些规则根据政府间的联系、提供的证明和当地法律而制定，因国家、产品的不同而不同。

37

纺织品文化
纺织品设计的发展
全球纺织品生产
可持续发展的呼唤
认证与标签
聚焦设计——米索尼（MISSONI）

帮助你开始

时装最终落实在商业上，这常常令一些有创造力的想法无法实现。然而，如果你是为自己工作的话，了解时装最终的商业结果是很必要的。花一些时间研究，你会发现这比看起来要简单一些。研究本书后清单中的贸易组织、政府计划和商务联络是很有帮助的。下面是开始的几个方面。

认证

认证能让你对所购买的纺织品、样品或流水线的质量更有信心，因此认证是很重要的。认证还让你确信所用的设备是符合质量、环境和社会责任的标准的。

ISO：国际标准化组织——世界最大的国际标准开发者和发布者。在 164 个国家独立工作。提供关于产品和管理的多种认证。下面是三种：

● ISO 9001 质量管理体系认证；

● ISO 14001 环境管理体系认证；

● ISO 26000：2010 社会责任指南标准。

www.iso.org

美国材料与试验协会——提供国际承认的产品认证的独立认证机构。搜索网页有纺织品标准，包括服装、号型、纺织品属性、特种织物类型、纺织品测试、整理和商标——*www.astm.org*。

生态标签索引——生态认证全球在线向导，在 246 个国家列出 400 多个独立的标准。符合这些标准的公司也符合 ISO 标准——*www.ecolabelindex.com*。

商标

国际法律规定所有纺织品和服装产品都要有商标。既然没有商标可能会受到惩罚，包括罚款甚至监禁，那么正确地在产品上使用商标是最好的选择。

美国：商务部；国际贸易局；纺织服装办公室——政府机构有所有国际纺织服装贸易需要的信息。网站提供商标要求——*http://otexa.ita.doc.gov*。

英国：商务创新和技能部——英国提供商务发展和技能的政府机构。网站提供纺织品商标要求——*www.bis.gov.uk*。

关税和贸易法规

不同国家的关税和贸易法规的申请与提供也不同。世界的平均关税约为 5%，但要加上其他的税与运费。如果产品的成本没有计算这些，那么就会有损失了。最好在进行国际贸易前联系政府机构或国际货运代理。

美国：Export.gov——官方在线资源，包括美国政府资源和协助国际贸易。是很好的国际贸易的信息资源——*www.export.gov*。

英国和欧盟：商务指导——为各种规模的商业机构提供信息、支持和服务的政府在线资源。调查国际贸易部门。很好地帮助计算进出口税的在线问卷调查——*www.businesslink.gov.uk*。

　　米索尼（Missoni）是以针织为特点的意大利家族时装品牌。超过一个世纪的家族商业经验、创新和技术，造就了这个有创意的品牌，1968 年首次使用 Missoni 这个品牌。品牌以使用多种纤维产生多彩的图案，如人字形、几何图形、条纹和风格化的花卉图案闻名。图案具有符号性，形成优雅的组合图像，内容涵盖从自行车、家居饰品到酒店的多种主题。

问题讨论

1

　　米索尼（Missoni）不仅历史悠久，还是个家族企业。你认为对设计师来说这种环境是更自由还是更受限制？

2

　　纺织品外观具有鲜明特征，你认为有哪些好处和坏处？

3

　　你认为优秀的纺织品能承载平庸的时装设计吗？杰出的时装设计能提升平庸的纺织品吗？

4

　　罗西塔·米索尼（Rosita Missoni）的方法是先设计纺织品再设计时装。在你的设计过程中这是一个方向吗？

复古的米索尼（Missoni）针织品。米索
尼（Missoni）品牌因其人字形、几何图
形、条纹和风格化的花卉图案而闻名。

第二章

材料

纺织品是时装生产的基础材料。在纺织品制造领域里，几乎所有的纺织品都要经历五个阶段才能到市场销售。这些阶段有：纤维、纱线、构造方法、染色和整理。随着技术的进步，新的化学材料和新生产方法的出现，有的阶段可以略过。如，现在工业要向可持续化发展，市场对未加工、未染色和未处理的织物的需求有所增加。然而，绝大多数时装面料还是需要通过这五个阶段制造。

纺织品的生产周期中的每一个阶段都承担最终成本的一部分。每个阶段都对纺织品及最终的服装的属性、功能和使用寿命产生影响。纤维阶段的内在属性对价值、含义和印象都会有预想概念。同样的球，用色丁印花布做比用有机手工织机绸做要显得价值低，即使未经训练的人看起来是一样的。要知道如何使季节系列服装与目标市场和品牌形象相吻合，就需要先了解纺织品生产的这五个阶段。

设计就是将各元素以最好的达到特定目的的方式组合的计划。

查尔斯·埃姆斯（Charles Eames）

时装设计元素：环保面料采购

第一章　时装产业中纺织品的角色
第二章　材料
第三章　外观设计
第四章　产品系列概念化
第五章　采购织物
第六章　纺织品与产品系列
采购采访
附录

42

寻找可持续发展的织物

人们普遍认为天然纤维制成的纺织品都应是可持续发展的。有一部分是对的，但是有争议，生产可持续发展的纺织品是多方面的而不是只有一个方法。为了评估纺织品的纤维可持续发展性，不能只看纤维的分类，也要看看其他方面。

● 在生长或制造阶段的能量消耗

● 利用原材料抽取或制造可加工纤维的流程

● 社会和环境费用

● 最终产品染色和整理的必要性

● 纤维制成的纺织品的长久性或耐久性

● 最终产品的保养

● 回收或抛弃方法的可行性

考虑以上的这些因素，为生产找到可持续性的织物的发现可能会令你惊讶。

纤维

纤维是制造所有纺织品的基础材料。起初，纤维只有来自动物、植物和矿物的天然纤维。工业革命以后，用化学方法从不同原料中提取制造纤维材料，包括天然的和人造的，增加了纺织材料的种类。无论在纺织生产中加工的纤维有多少附加的材料，两种最基本的分类就是天然纤维和人造纤维。

制造纺织品的所有纤维因为长宽比不同，形态也不同，有类似毛发的结构。最终产品必须要有一个特点，就是要有适应性，根据人体的形状而调整。普通的线的形成，是纤维的分子组成和长度、表面、直径和形状等外在属性决定了最终纺织品的多数特性。

1

没有一种纤维能够独自将污染的资源密集产业改变成可持续发展的产业，不管它是不是有机的、公平交易还是回收的。

凯特·弗莱彻（Kate Fletcher）
《可持续发展的时装和纺织品》

1 有机棉制成的针织连衣裙，机织酒椰纤维制成的腰带，由可持续发展设计课程的学生布瑞恩·纳斯鲍姆（Brian Nussbaum）设计。

天然纤维

天然纤维来源于动物、植物和矿物。动物纤维主要成分为蛋白质，植物纤维主要成分是纤维素。一些人造纤维的成分也是纤维素，开始是来自有机植物物质，后经化学方法改变，被分类为人造纤维。蛋白质纤维除了丝还有动物的毛发。丝来自蚕的蚕茧，抽取出来是一根长长的线。纤维素纤维来自植物的种荚、茎或叶。石棉纤维，一种有毒性的矿物，是唯一天然的矿物纤维，直到 20 世纪 80 年代才用来作为防火材料。

最古老且最普通的蛋白质纤维是毛。毛是从绵羊或山羊身上剪下来的。动物的年龄、羊毛的生长阶段、动物的品种都会影响毛的生产。质量最好的毛是美利奴细毛羊的毛和几种常见品种山羊的第二层短毛绒，如克什米尔山羊绒。其他普通的蛋白质纤维有马海毛（安哥拉山羊）、羊驼毛、安哥拉毛（安哥拉兔）和羊仔毛（未断奶的羊）。动物纤维的特性能帮助保持体温、防水，但是制成的成品常需要特别的护理。

棉纤维是最常用的纤维素纤维。棉纤维与人造聚酯纤维占全球纺织品市场的 80%。棉纤维来自于棉株的种荚，在纺成纱前需要经过梳理，把种子的碎片清理干净。棉纤维经常用于针织或机织的纺织品，易于染色，穿着舒服且护理成本低。其他来自种荚、椰壳和木棉的纤维都需要某种处理。韧皮纤维是将植物纤维的茎剥下来腐烂后提取的。最古老且常用的是从亚麻中提取的亚麻纤维。其他常见的韧皮纤维有大麻纤维、苎麻纤维、黄麻纤维和竹纤维。韧皮纤维的拉伸率低于棉纤维，制成的织物更结实、透气且吸湿排汗。上述纤维制成机织物，功能性很好，如果制成针织物，混纺成分应少于 50%。竹纤维通过化学方法改性呈现黏胶纤维的特性，更适合针织物。纤维素纤维还可以从植物的叶子中提取，成品常用于工业。

2

2 天然纤维面料

a 真丝雪纺
b 真丝雪纺
c 双宫绸
d 麦尔登
e 人字呢
f 一岁羊的毛
g 皮
h 黄麻麻袋
i 棉纱布
j 棉细布
k 牛仔布
l 麻布

时装设计元素：环保面料采购

第一章　时装产业中纺织品的角色
第二章　材料
第三章　外观设计
第四章　产品系列概念化
第五章　采购织物
第六章　纺织品与产品系列
采购采访
附录

46

人造和合成纤维

　　人造纤维的生产开始于 1664 年。然而可用于纺织品的长丝直到 19 世纪末才开始生产。第一种人造纤维——黏胶纤维——是用化学方法改变纤维素材料，然后通过小孔形成长长的纤维长丝。制成的织物被称作"人造丝"，到 20 世纪末这种纤维已经占有了美国市场的 70%。黏胶纤维和醋酸纤维都是有历史的人造改性纤维素纤维。近年来，纺织品工业的注意力都放在了可持续性发展的纤维生产上，现在倾向于以植物或动物为原料制造新纤维。这种新纤维称再生纤维而不是人造纤维，虽然它们都属于同一类别。这种"天然"纤维的制造过程要利用很多能量和有害的化学品。这种新纤维给环境带来益处，包括植物或动物的再生、大量减少环境浪费的闭合过程新形式。然而，根据生产商和国家的不同，好处也不同。新型纤维素面料包括天丝、莫代尔、黏胶和竹。再生蛋白质纤维来自植物蛋白（大豆、玉米、花生）或者动物蛋白（牛奶中的酪蛋白）。所有这些再生纤维的长丝都是将液态物质通过机器的喷丝头形成的。

3　人造纤维面料

a 莱赛尔
b 锦纶 / 弹性蛋白
c 锦纶
d 锦纶黏合衬
e 黏胶面料
f 聚酰胺纤维面料
g 涤纶面料
h 喷胶棉
i 锦纶
j 人造毛 / 毛
k 金属丝面料

3

时装设计元素：环保面料采购

第一章　时装产业中纺织品的角色
第二章　材料
第三章　外观设计
第四章　产品系列概念化
第五章　采购织物
第六章　纺织品与产品系列
采购采访
附录

48

合成纤维和人造纤维不同，它们是从石油中完全通过化学过程提取的。20 世纪 30 年代杜邦公司生产的锦纶，是世界上第一种合成纤维，然后出现的就是腈纶。1833 年出现的涤纶是最常见的合成纤维，但直到 20 世纪 60 年代末才应用于时装上。合成织物因其制造成本低、成品耐用且易于保养而非常受欢迎。然而，它们是合成树脂的一种形式，所以制成的纺织品不可生物降解，高温下会融化，透气性差。

特种纤维也属于人造纤维。有的特种纤维是来自天然的，有的是合成的。金属纤维可用很多种金属制造，如镍、铜、铝和超级合金。历史上金和银曾被制成柔韧的长丝。橡胶被处理成可使用的纺织纤维。橡胶纤维的合成被称为氨纶，在 20 世纪 50 年代应用于时装上，引发了内衣和泳衣行业的革命。超细纤维是小型的合成纤维，长度小于 1 旦尼尔。它们有不同的型号、不同的形状，通过合成纤维的组合来产生需要的特性，如防臭、手感、耐久性、吸湿排汗性和热稳定性。所有特种纤维都要和其他不那么昂贵的材料混纺，生产价格实惠的纺织品。

第一章　时装产业中纺织品的角色
第二章　材料
第三章　外观设计
第四章　产品系列概念化
第五章　采购织物
第六章　纺织品与产品系列
采购采访
附录

4

4 20世纪80年代由透明涤纶面料制作的吉卜赛波希米亚风格连衣裙，戴安娜·弗莱尔斯的特色作品

纤维的结构特征

除了纤维类似毛发的形状外，还有五个结构特征影响纤维制成的纱线和纺织品的属性，分别是长度、形状、密度、纵向构造和表面质地。

天然纤维是由它们细胞结构的具体内在特点决定的，通过化学方法可改变这五个结构特征。合成纤维最大的优点是它们可以通过改变分子层次而改变五个结构特征，同时获得附加特性。

长度——纤维的长度从小于一英寸到无限长（合成纤维）。小于几英寸的纤维被称为短纤维，长于几英寸的纤维被称为长丝。丝是自然界存在的唯一的长丝。纤维的长度可以影响质地、体积、手感、质量和最终成品的用途。

形状——指纤维的横截面形状。纤维的形状决定了光泽、体积、质地及纱线和织物的手感。

密度——纤维的外部周边和内在填充影响纤维的密度。纤维的直径越大，制成的成品密度越大，完全用于披盖的织物是用小直径的纤维制成。天然纤维的密度不统一，合成纤维的密度可以统一也可以不统一。纤维是实心还是中空会影响密度。羊驼绒是天然的中空纤维，制成的成品调温和染色能力好。

纵向构造——纤维的纵向结构有直形、卷曲形、螺旋形或扭转形。最普通的两种是直形和卷曲形。毛纤维固有的纵向结构是卷曲形的，合成纤维也可以制成卷曲形。增加卷曲会影响温暖感、吸水性、体积、缩水率和皮肤舒适性。所有构造会影响最终成品的弹性、灵活性和耐磨性。

表面质地——每一种纤维的表面都有微小的结构。普通的表面质地有光滑的、干燥的、粗糙的、有沟槽的、有褶皱的、有沟的。表面质地影响最终成品的渗透性、韧性、强度、染色性、褶皱性、吸湿性和手感。

纱线

生产时装用纺织品的下一个阶段就是纱线的生产。纱线是纤维合股产生的长线。除了毛毡和非织造布（第62~65页），其他所有的纺织品都是由纱线制造的。一种纤维可以制作不同种类的纱线。纱线的组合方式和纤维或纺织品的结构方式一样能影响最终成品。很多时装流行趋势分析都是从纱线工厂开始的，分析现在生产的纱线的颜色、质地和重量，这些将决定下一季生产出什么样的时装用纺织品。这些纺织品将影响一年甚至多年的服装表演趋势。

纱线分类

纱线的两个主要分类是短纤纱和长丝纱。短纤纱是由短纤维拧在一起形成持续不断的纱，长丝纱是由长丝形成的。因为长丝的纤维已经是连续不断的了，一根纤维就可以使用。长丝纱进一步分类为：单丝，即一根纤维形成；复丝，即多根单丝形成。

短纤纱包括除了丝之外的所有天然纤维。人造纤维要制成短纤纱，可以切成短纤纱的长度（几英寸）。纤维捻在一起时，表面结构要有足够的摩擦力。纤维被机械牵引并行然后伸展并加捻，就形成了纱线。

长丝纱不需要像短纤维那样为了增加强度而加捻的很紧。长丝纱通常加捻只是为了让长丝扭在一起就可以了。这样形成的纱线制成的织物拥有光滑的手感和光泽的外观。随着技术发展，合成长丝纤维甚至比丝还细，细旦纱线或超细纤维能生产耐拉伸且有丝质外观的纺织品。

第一章　时装产业中纺织品的角色
第二章　材料
第三章　外观设计
第四章　产品系列概念化
第五章　采购织物
第六章　纺织品与产品系列
采购采访
附录

1 手工将毛纺制为纱线

纱线生产

　　纱线通过纤维加捻形成。纱线是弱捻还是强捻是由每英寸的扭转数量（TPI）决定的。弱捻纱线更柔软，比较脆弱，适合用于针织品，柔软且有弹性。TPI通常为每英寸2~12个扭转。强捻纱线更耐用，强度高。捻度越高，纱线越细、越结实，制成机织物穿着效果更好。长丝纱的强度是由长丝纱的内在结构决定的，加捻紧一些只是为了提高纱线的厚度。

　　纱线加捻有顺时针方向（形成向左的螺旋形）和逆时针方向（形成向右的螺旋形）。这种螺旋形是指S捻（向左）或Z捻（向右），如同字母的方向。加捻的方向影响成品织物的外表，与强度、弹性、柔软度无关。

　　短纤纱由三种方法制成，环锭纺纱、自由端纺纱和喷气纺纱。环锭纺纱为最常用的生产方式，用于生产各种高端低产量的纱线。自由端纺纱适于同种纤维原料、同一质地的高产量、大批量纱线制造，但质量级别略低。喷气纺纱适于粗糙、快速的生产，最终用途常为床单、运动服和工作服等需要抗起毛的织物。

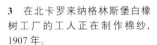

2 女工在织机上对短纤纱进行织制。东方穆斯林民族工艺品。

3 在北卡罗来纳格林斯堡白橡树工厂的工人正在制作棉纱，1907 年。

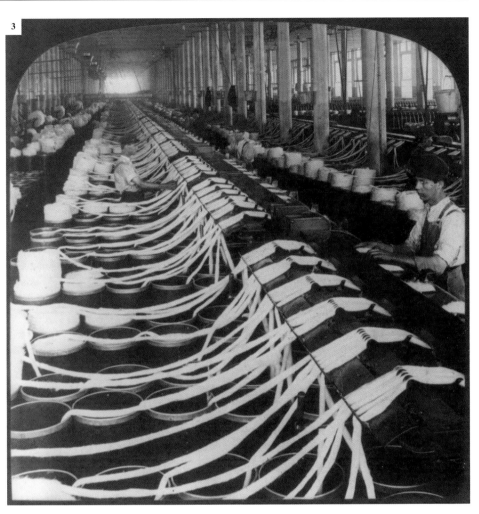

纱线种类

　　纤维类型、构造方式和生产方法的不同组合，可以产生无数种的纱线。为得到需要的特性，将两种或多种纤维混纺制造成纱线是最常用的方法。将两种或更多种已制成的纱线合股或扭转是增加强度、均衡粗细和改善纱线的另一种常见方法。在织物的生产中双层纱线意味着质量。合股常用于花式纱线的生产，有金属丝的为金银丝织物，还有结、球、环、卷曲或扭转的装饰带与标准的短纤纱合股，这能改变织物的结构。变形纱是在生产中对长丝纱进行一系列表面特性处理后产生的，得到了需要的织物特性。在服装织物生产中对弹性纱线的需求越来越多。强力弹力纱线用于泳装和紧身胸衣，低回弹纱线用于舒适弹性织物，如时装、牛仔布和运动装。

时装设计元素：环保面料采购

第一章　时装产业中纺织品的角色
第二章　材料
第三章　外观设计
第四章　产品系列概念化
第五章　采购织物
第六章　纺织品与产品系列
采购采访
附录

54

当我没有想法的时候，就对布料进行处理，这时就会有想法了。

杰弗里·比尼（Geoffrey Beene）
时装设计师

纺织品构造方法

纺织品的生产过程是将纱线以不同的连锁模式组合形成一定长度的面料。除了纤维的类型和纱线的分类以外，纺织品的构造方法也给设计师提供了设计产品系列的重要信息。每一种纺织品构造方法都会带来织物的一系列基本属性。虽然每一种方法都给二级特性的扩展和变化留有余地，但构造总有一个核心。一个好的设计师一定要了解每种构造方法所特有的基本品质，这是实现他们想法的出发点。

有的设计师采购布料引发灵感，让布料的内在属性引导他们的设计；有的设计师先做出设计，再寻找适合的纺织品。无论设计师如何选择与纺织品的配合，好的设计总是基于选择与想法适合的材料。机织物非常适合定制的产品系列，因为它的结构性和稳定性较好。针织物非常适合运动服，因为它有弹性且透气。然而，通过正确处理织物，设计师能够获得一定程度的面料的革新。用于斜裁的机织物也能具有一定的弹性，两面针织物也能具有像机织物一样的结构。

机织物

世界上首先产生的织物就是机织物。机织物通过纱线 90° 的交错呈网格状而形成。纵向的经纱为织物的长度，横向的纬纱上下穿行形成布料。多数机织物都是用织机制造的。在织机上经纱紧绷着，所占的宽度即是需要的面料的宽度。梭子带着纬纱在经纱中反反复复地上下穿行。在织物纵向的边缘，一条紧密的带就是布边。所有的机织物都有布边，以防止布料脱散。

1　一条 Cheap Monday 牛仔裤的布边处理。

作为质量标准的布边

美国曾是优质牛仔布的主要生产者。

在20世纪初，美国的牛仔布由30英寸宽的手控梭织机织成，用连续不断的纬纱形成美丽的闭合布边。

随着技术的进步，织机替换为更宽的高产量的片梭织机，牛仔布的质量降低了，留下了有损耗的原边。很多旧的不使用的布边织机被日本公司买去，运送到日本冈山。在那里，高品质的牛仔布制造传统艺术一直流传下来。

在今天的高端牛仔布市场，最受欢迎的牛仔布品牌使用的是传统织机生产的布边。为了扩大30英寸窄幅牛仔布的使用，布边用来做牛仔成品外部缝份的处理。牛仔爱好者和收藏者常常折起牛仔服装的下摆，展示最受欢迎有品质的布边。

纺织成的织物是有结构的，并且有相似的表面质地。织物基本的网格结构形成两种纹理。纵向的纹理由预拉伸的经纱形成，有很好的稳定性。横向的纹理由纬纱形成，由这些纬纱对经纱拉伸的紧密度决定纹理的拉伸度。多数服装都是经过裁剪的，所以稳定的纵向纹理要与人体的垂直线相平行。裁剪时，横向纹理在肘部、膝部和臀部有弹性弯曲。要想让机织物有弹性，需要用弹性纱线或者斜裁。45°斜裁能使机织物有最大的弹性，可用于立体裁剪。

机织物有正面和反面。一些机织物由于织制的图案或者整理方式不同，这两面区别很明显。织制的图案或者整理方式等会产生织物正面的方向性。即使是没有方向性的平纹布，设计师也要万分小心。面料被制成服装后，由于其间制造过程会扩大纱线的表面差距，有时成品的外观和反光会显著不同。当裁剪裁片时，注意织物的纹理、正反面和方向很重要。

机织物有三种基本组织形式。通过纤维的类型、纱线的直径和扭转、每英寸纱线数量、织物的浮长来决定机织物的属性。普通机织物的属性有强度、光泽、悬垂度、图案/色彩效果、质量/价格。平纹组织是最常见的组织形式，经纱和纬纱一上一下相间交织而成。平纹组织织物表面平坦，适合印花，穿着舒适。斜纹组织的一个独立完全组织中，经纱要跨越两根或两根以上的纬纱。斜纹组织织物的短浮长和紧凑的交错令织物厚重耐用。缎纹组织的经纱跨越四到八根纬纱后只有一根纬纱压着，外观光泽强。当需要织物有悬垂感、更美观时，缎纹组织织物更容易达到要求。

时装设计元素：环保面料采购

56

2　机织物系列

a 钱布雷布
b 灯芯绒
c 编织华夫格布
d 毛巾布
e 巴厘纱
f 真丝乔其纱
g 雪纺
h 麻棉混纺布
i 棉华达呢
j 针织布
k 帆布
l 缎
m 色织格子布
n 色织格子布
o 泡泡纱
p 双层棉纱布
q 开司米
r 斜纹布
s 平纹布
t 油布

2

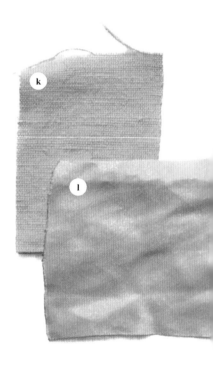

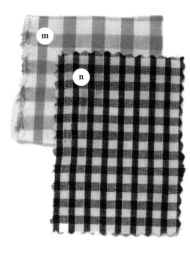

时装设计元素：环保面料采购

第一章　时装产业中纺织品的角色
第二章　材料
第三章　外观设计
第四章　产品系列概念化
第五章　采购织物
第六章　纺织品与产品系列
采购采访
附录

58

一般机织术语

方平组织——以平纹组织为基础，以两个或更多的经纱与纬纱交织的组织结构。

破斜纹组织——一定数量的纱线以对角线模式下降从而改变方向的斜纹组织，产生上上下下的之字形，也有山形和人字形。

夹点图案——织在织物表面的小而重复的设计。图案在织物背面相应位置为浮线。浮线太长就会被剪掉。瑞士点就是一个例子。

计算机工程——计算机程序的使用使机织物的生产、修改、呈现和制造更快，成本更低，令纺织品设计师和顾客更清楚地理解纱线、颜色、图案和组织结构对最终成品的影响。

割绒组织——随经纱或纬纱的第三组纱线呈现凸起的表面肌理，然后被切割以产生奢华的质感。有天鹅绒和灯芯绒等。

多比图案——由有特别提花线束的织机织成的简单重复几何图案。

双层组织——由单独的纱线将两层同时织制的织物连接起来。制成的织物可以是一块有两面的厚织物或分成两块织物。

提花图案——由提花机织成的复杂精细的机织图案。有缎、锦和挂毯。

纱罗组织——纬纱与经纱牢牢扭绞，生产透孔、装饰、夏天使用的织物的织造技术。

重平组织——平纹组织中纬纱比经纱厚，织物表面产生明显的凹凸图案。有毛葛和塔夫绸等。

毛圈组织——有第三个环状的经纱系统，表面高一些的组织。有毛巾布等。

3

3 开襟毛衫，上下用不同重量的针织物。Brochu Walker 2011。

4

4 手织时装品牌 Pugnat 的 Conchula 系列的手织毛衣。

针织物

第二常用的纺织品构造方式就是针织。针织物由纱线线圈重复穿套而成。线圈排列成行，每一个线圈都通过前面的一个线圈，形成链或一行线迹。传统的针织物是使用两根棒状针织针手工织成的。同机织物不同，手工针织不需要特别的机器，手织服装有图案，同纺织品一样制作。近年来，手工针织品在世界范围内复兴，在秀场上展示有各种装饰和配件的手工针织服装。

用机器织造成码的针织布用来生产裁剪—缝制服装是可行的。近来三宅一生（Issey Miyake）利用计算机工程在针织机上织制全成形服装。世界上第一台针织机是 16 世纪末产生的。这种机器生产筒状的针织物，用来制作棉、毛、丝的袜子。现代使用圆床机生产筒状针织物，用平板机生产长方形的针织物。一台标准的针织机应有 200 个钩锁针，可用超细号纱至标准的纱线生产织物。精纺和粗纺纱线需用特殊的机器织制。双反面针织织物和平纹针织罗纹织物由双平板机织制。现在针织机器能够通过计算机控制生产出各种针织图案或装饰线迹。机器用纬编的方法织出的成品非常接近手工针织物，但机器的针法更平均，具重复性，缺少手工织物的原始美感。

由于针织物是由线圈穿套成链而形成的（而不是像机织物那样将纱线直接使用），织成的针织物各个方向都有弹性。针织物的这种特性令针织物成为泳装、运动装、袜和紧身胸衣等特殊服装的首选面料。因为线圈结构的开放性，针织物可以选择更柔软的纱线或者更粗的纱线。由柔软纱线织制的针织物更舒服、透气且有吸收力。缺点是针织物在洗涤和变干的过程中比机织物更容易缩水。

针织物有明显的正面和反面。最基本的针法图案是平针。这种针法正面是垂直连接的 V 形图案，背面是水平的波浪形叫做反平针或反针。改变垂直的两列针法，会形成水平方向非常有弹性的罗纹针法。吊袜带或袜口的针法都是通过垂直拉伸改变水平方向的针行。

5

装饰针织图案

网篮组织——由平针和反平针织的小方形形成交替的方格图案。

绳编织——针织图案的提升，有线、编织带、绳、锁链和蜂巢式的浮雕图案。

畦编组织——罗纹针织物的一种形式，线圈为双层的，针法看上去是互相穿套的。产生的织物厚实，开襟毛衫全部或一半用这种织物来制作，正反面相同。

双面针织——手工或机器一次织出两片织物，两片织物可以是分开的，也可以是一片双层的。如果是合适的一面向外，那么会是厚的、可翻转的、各方向没有弹性且有很好的保形性的织物。

漏针——包括有目的的漏针、错针和立体编织的梯状结构。有轻松的花边效果。

方格编织——小块针织方块连在一起，连接处边缘凸起，有棋盘格效果。

费尔岛杂色图案针织品——起源于苏格兰海岸的一块陆地，因而命名。重复的图案针织技术为利用表面活动的纱线，用不到的颜色的纱线在纺织品的背面形成浮长。

拼花——在纺织品表面利用多种颜色针织技术形成图案。与费尔岛杂色图案针织品不同的是，它没有浮长，在需在颜色改变的时候不用的纱线会被剪断，留下线头。多色菱形图案就是著名的拼花图案。

毛圈针织——针织品表面被拉出长长的线圈，产生蓬松有绒毛的效果。

拉舍尔——由特种拉舍尔经编机制成的一种经编针织物。拉舍尔经编机制造密集性装饰花边和开放性软纱花边织物。通过使用新奇的纱线和针法，可以制造出一系列有不同属性的装饰织物。

经编针织——细针距纱线经编针织物。柔软，悬垂性好，防皱。常用于女性内衣和女性服装。

网纱——水平方向开口的网状经编针织物，有独特的结构。

5 日本设计 Everlasting Sprout 2009 年春夏针织服装系列

时装设计元素：环保面料采购

第一章　时装产业中纺织品的角色
第二章　材料
第三章　外观设计
第四章　产品系列概念化
第五章　采购织物
第六章　纺织品与产品系列
采购采访
附录

62

其他构造方法

[关于材料] 我已经发布了无数的新奇材料，甚至有一些发布是冒险的——树皮纱、玻璃纸、秸秆甚至玻璃。

伊尔莎·斯奇培尔莉
（Elsa Schiaparelli，1890—1973），
时装设计师

6

6 合身的羊驼毡上衣，由当地豢养的羊驼毛纤维手工毡化而成。Fibershed 系列设计师，佩奇·格林（Paige Green）和马里·姆罗茨辛基（Mali Mrozinski）。

多数纺织品不是机织就是针织，还有一部分服装用纺织品是通过其他构造方法制作的。这些方法的纺织品产量只占世界纺织品产量的很小一部分，但是有很多内容可以提供给读者。使用这些方法制作的纺织品通常用于特殊服装，如起结构支撑作用或作为装饰边或装饰片。

毡是世界最古老的纺织品。毡是由动物或植物纤维经过热、湿和压力而形成的。形成的纺织品结实耐用，不易拆散且容易染色。在时装中毡用于装饰和有结构的部分。

簇绒织物与起绒织物很相像，因为都是在织物中加入一套独立的纱线。然而，只有基布适合于创新和装饰才能生产簇绒。时装业中，人造毛皮是最常见的簇绒织物。

蕾丝是将纱或线打结、编带、缝制的精致绚丽的技术，生产出的图案常常为花形，有透孔的花边和成码的织物。真正的蕾丝是用针或线轴制作的，也有其他技术也能模仿蕾丝效果。

绗缝织物是在两种织物中夹着独立填充物。鼓鼓的"包"是通过在三层织物上缝制图案形成的。绗缝织物逐渐成为外套的流行面料。

钩针织物是由一系列连锁纱线线圈组成的。只使用一枚钩针，织出多种线圈同时有装饰针法。根据纱线的重量不同，可以织出精致的蕾丝服装和温暖的毛衣等不同的服装。

7 可被喷在模型上的 Fabrican 喷雾纺织品也可直接喷在人体上，产生奇幻的廓型。

7

时装设计元素：环保面料采购

第一章　时装产业中纺织品的角色
第二章　材料
第三章　外观设计
第四章　产品系列概念化
第五章　采购织物
第六章　纺织品与产品系列
采购采访
附录

64

8　手钩服装是 20 世纪 70 年代时装流行"回到工艺"的一部分。根据波希米亚长裙的照片就能自己钩制出成品。

9　希拉·马图赞那（Hila Martuzana）用非织造布 Tyvek® 为她的课题"纸的节奏"制作仿蕾丝连衣裙。

黏合型纺织品是用黏合剂将两种纺织品黏合在一起。背层织物多为经编针织物，表层织物一般重量较轻且价廉。黏合过程给价廉的织物增添了结构性和耐用性，也增加了价值，原本不适合用于时装。

层压纺织品是由织物与一层聚氨酯或其他非织造材料黏合形成的。在服装工业中使用的这种纺织品的商名是 PU 与 PVC。这种纺织品模仿皮革的外观，常用于手套、鞋、包等配件。

非织造布不常用于时装设计中。非织造布是通过机械、化学或热的方式将纤维（通常为回收利用的废料）制成网而形成的。在时装中主要使用的是衬垫和黏合衬。随着技术的进步，有些非织造技术用于设计非常前卫的艺术项目，但这些非织造布并不会大批量生产。通常意义的非织造布被认为是不通过织机制造的纺织品，并不是这样。"非织造"指的是一定长度的短纤维黏合成为达到某种用途的网状织物。

如果我会因为什么出名，那一定是我对不寻常材料的应用。我的很多作品的原始创意来自材料，如2007年我的秋季系列。织物互相融合，一种织物可以成为另一种，变成再一种，再成为其他材料。有时，当你有简单的想法和想表达意义深远的概念，可以将这复杂性深入材料中。

缪西亚·普拉达（Miuccia Prada）

非织造布构造方法

化学黏合法是使用化学黏合剂将纤维黏结成多孔的纺织品。

黏合织物是由热塑性纤维或热塑薄膜制成的。多数黏合非织造布都用于服装上。这种材料在低温下会变软，可黏合到服装裁片上，为衣片增加结构性或令衣片容易剪裁。

机械结合法利用机械使纤维纠缠扭结，形成网状纺织品。例如，针刺法——短纤维网经过振动床，有倒刺的钩穿刺形成毡状的纺织品。可独立用于服装中。

喷织物是从喷雾器直接将棉纤维喷到身体上形成的网。一旦弄好，形成的服装可以脱下来，可以清洗，可以干燥。Fabrican品牌是由西班牙设计师曼努埃尔·托雷斯（Manuel Torres）为伦敦帝国学院和皇家艺术学院开发的。

纺黏型非织造布是由喷出的持续不断的长丝形成的黏合纤维网。因能生产手感好且有弹性的不同重量纺织品而广为人知。用于服装的里层和防护性服装。Tyvek®是品牌名。

热黏合法是用热的方法将短纤维黏合成纤维网。例如，熔喷法是将长丝纤维切成熔断需要的短纤维长度，通过热封的方法黏合于表面。用于靴和手套的独立部分。Thinsulate（TM）是品牌名。

非织物材料

在时装中应用的材料有几种功能类似于织物，但并不是真正的纺织品。其中一些材料是，早期便用于覆盖人类身体的，如皮革、绒面革和毛皮。另外一些材料如纸、塑料等是来自于现代的。

皮革来自动物。兽皮来自牛、马或其他大型成年动物。皮是来自小型动物像羔羊、山羊或小牛。装饰用皮来自蜥蜴或两栖动物，如短吻鳄或黄貂鱼。皮革需要经过几道工序的处理才能成为可使用的材料。用盐处理或干燥使皮不易腐烂。去肉是去掉内层多余的脂肪和肉。脱毛是将皮上的毛清除掉。最后鞣制使皮不会腐坏且影响最终皮革的属性。因为皮革来自动物，动物的大小决定了皮革的大小，在制板和将皮革块拼制成款式的过程中要有特别的考虑。当剪切皮革时，要注意皮革表面的自然纹理。

绒面革是将皮革分开或片成两层形成的。外层用于制作高品质的皮革，内层更柔软且要经过起绒整理。内层用于生产绒面革。绒毛经过刷的程序，就会像经过天鹅绒整理一样柔软。最好品质的绒面革来自羔羊、山羊和鹿。品质好的绒面革特别柔软，有漂亮的褶皱，常用于服装上。猪皮和牛皮也常被剖开制成绒面革，但成品可塑性不强，更适合用于制作配件。绒面革因其有多孔的结构，易于染色。绒面革有非常独特的外观和质感。皮革是时装的基本材料之一，可在各季节使用，而绒面革与皮革相比不那么流行，不会一直在时装潮流之中。

毛皮是有毛的动物皮革。许多动物濒临灭绝，常用普通的毛皮染色成昂贵的毛皮的样子，如虎皮。很多精致的毛皮来自非常小的动物，常用于装饰或拼皮。小型毛皮也可手工切割成长条，再编织成成品。

10 许多非纺织品材料能够适合人体，用于制作结构、图案和廓型方面精彩的时装亮点。大多数都不会大批量生产。艾里斯·荷本（Iris Herpen）综合材料连衣裙，2011年。

纸也可作为时装材料。1966年斯科特纸业公司生产纸制连衣裙。他们当时就获得了成功，并且纸制服装流行了好几年。虽然在实际应用时从未出现撕裂或水渍，但纸作为面料的优点是体现其艺术效果的功能。自2000年以来日本设计师利用传统手工制作的和纸来制作可洗可穿的纱线。

塑料是从石油中提取的。在时装业，柔韧的片状塑料可用作纺织材料，塑料纤维可用于纺织品生产。所有的塑料在极限温度下都会融化，一些塑料在寒冷的环境下会变硬变脆。片状塑料在时装的最终用途有雨衣、乙烯基塑料和外套；塑料纤维制成的织物有更广泛的用途。

来源于动物：有关道德和环境的问题

毛皮占据着过去几季的时装秀场。这有点令人惊奇，是个证明流行记忆有多么短的完美的例子。20世纪90年代PETA（善待动物组织）的反毛皮运动令毛皮业遭受重创。从那时以后，毛皮业开始改变形象，甚至开始安排毛皮作为解释快时尚的可持续性答案。但毛皮的确来自天然且可生物降解，活的动物需被宰杀方能取得毛皮。毛皮总是以动物死亡的方式才能取得，并且需要一定数量的动物才能提供足够的毛皮制作一件毛皮外套，对多数设计师来说真正的问题是伦理问题。随着技术的进步，仿造毛皮的水平也提高了，尽管有时只有真正的毛皮才能满足梦想。研究人们对毛皮在时装业的应用的看法是确定值得的。

人们对皮革的反应似乎并非与他们对毛皮的做法完全一致，但有一定数量知名设计师完全不采用皮革和毛皮，如斯特拉·麦卡特尼（Stella McCartney）、马克·鲍尔（Marc Bouwer）、维维安·韦斯特伍德（Vivienne Westwood）和奥尔森豪斯（Olsenhaus）。除了动物的权利问题，皮革工业的环境问题也值得研究。将动物的皮转变为可使用的皮革或绒面革的工序几乎都要使用对环境或健康有害的化学品。用以饲养动物的水、清洁的土地和石油的数量远超过生产人造皮革所需的资源数量。有一些途径需要探索。有的公司回收老式的皮革来生产他们的产品，有的公司试着在小农场制作无毒素皮革。

时装设计元素：环保面料采购

第一章　时装产业中纺织品的角色
第二章　材料
第三章　外观设计
第四章　产品系列概念化
第五章　采购织物
第六章　纺织品与产品系列
采购采访
附录

11 CuteCircuit 的超级闪耀迷你连衣裙是利用智能技术的互动式迷你裙。面料嵌入了 CuteCircuit 的 LED 技术，能闪耀光芒。

11

第一章　时装产业中纺织品的角色
第二章　材料
第三章　外观设计
第四章　产品系列概念化
第五章　采购织物
第六章　纺织品与产品系列
采购采访
附录

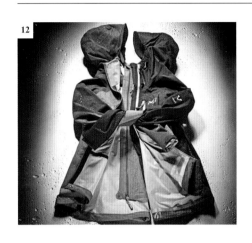

12 Polartec Neo Shell 面料的轻松呼吸 rab stretch neo 夹克（左）与 Gero Tex 面料的 Millet Trilogy Limited Gtx。Polartec 和 Gero Tex 都是著名的室外耐气候织物品牌，都是通过纤维处理、涂层或整理方式制作的。

未来的织物

技术进步令纤维和生产方法都出现了新的类型。这些技术革新的纺织品被认为是未来的织物，可按照它们特殊的功能性和高科技的属性进行分类。

纳米技术真正是科学和智能织物生产的结合。这些织物中有纳米粒子，纤维能够释放药物、紫外线防护、抵抗病菌、除臭等。多数纳米织物都用于药物使用，也能用来制造可以改变颜色的织物。

智能织物是纳米技术的一种形式。织物中有电子元件。微观纤维颗粒织入织物中，能够形成电的活动，监控身体功能等。现在只有很少的几个时装公司生产智能服装。

相变材料（Phase Change Material，PCM）是纱线或织物的纤维中有微小的微胶囊。微胶囊中有溶液，可根据外部温度的变化由液态转变为固态或固态转变为液态。当状态改变时，织物能够改变穿着者的内部穿着环境，即使在极端天气里穿着者也感觉舒适。

保温、防水、防火材料常用于军事服装、行政服装和室外工作服装。许多防护能力都来自纤维的能力，如凯芙拉（Kevlar，芳纶）的防火性能、Zero-Loft Aerogel（一种有弹性的硅胶基材料）的保温性能。有一些防护能力是来自于后期的整理，如贝豪斯疏水性的下降是因为有防水涂层（DWR）。

时装设计元素：环保面料采购

第一章　时装产业中纺织品的角色
第二章　材料
第三章　外观设计
第四章　产品系列概念化
第五章　采购织物
第六章　纺织品与产品系列
采购采访
附录

70

1 摩洛哥非斯的制革厂有几世纪历史的露天蓄水池，著名的摩洛哥羊皮革就是在这里制造的。

织物染色

　　几乎所有的服装用织物都通过持久性着色工艺上色，如染色。染色可以在纤维或纱线阶段进行，也可以在织物构造过程中进行，也可以在服装成品上进行。织物何时以何种方法进行染色与染色的成本、可持续发展性、色彩图案、持久性、渗透性有关。染色工厂必须在时尚潮流的前沿，在织物需求的三年前就要开始预测色彩与染色效果。染房或有染色能力的垂直一体化纺织品工厂负责大多数工业需要的染色织物。装饰性染色技术（第三章，82页）常常由纺织品设计师或服装设计师手工完成，数量少，有时是在服装成品上进行染色。

染色方法

　　在服装的生产流程各个环节都可以进行染色。散纤维染色是纤维的染色，一般为毛纤维。将纤维放入大桶中，再将液体染料倒入，将全部或大部分纤维染色。在生产的最后阶段颜色会变得均匀。原液染色是先将染液加入到合成混合材料中，再通过喷丝头喷出长丝纤维。再生纤维也是有颜色的。它们的颜色来自之前的材料颜色。不同颜色或不同类型的纤维混合在一起时，制成的织物呈花色。

　　纱线染色是纺好纱线以后进行染色。染料平均地渗入纱线，同一股纱线可以染多种颜色。成品染色方法有匹染、分批染色和连续染色。匹染是用不同的方法染色少量织物，因需要快速投放市场以保证所染色彩流行。更经济的方法是分批染色，需要染色的织物以绳状或平板状在长度方向通过染浴。连续染色至少要染10000米织物才比较经济，每分钟可染45.72~228.6米（50~250码）。染液通过热或化学的方法修复织物。成衣染色是成品服装的染色。设计师要用一卷面料设计一个款式，有不同颜色的时候使用成衣染色比较合理。

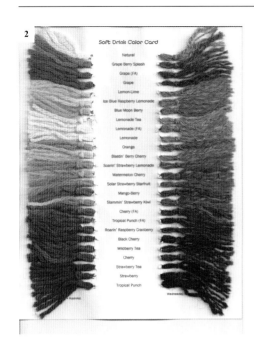

2 织物或纤维的染色有很多种不同的令人惊叹的方式。上图为液体产品 Kool-Aid 的使用。Kool-Aid 染色丝绸最合适。

天然染料和合成染料

染料的来源有很多。基本上任何可高浓度溶于水并给织物染色的物质都可作为染料。不同的染料对某种特定纤维的染色效果最好。一般来说，天然染料对天然纤维的染色效果最好，合成染料对天然纤维和合成纤维的染色效果都很好。天然染料采自植物、动物或矿物，有广泛范围的大地色和全光谱的明亮色。人类从开始生产纺织品就开始使用天然染料，而在现代大批量生产中天然染料的使用量减少了。很多艺术家和小型染房考虑到环境因素，重新开始研究天然染料。合成染料是以化学为基础的，可以混合生产各种色调和不同活力的各种颜色。合成染料才出现一百多年，却主导了纺织品市场。这种染料能散发出强烈伤害环境的物质。如果这样，为什么现代纺织品生产不使用天然染料作为主要染料呢？染料的能力不在于最初的织物着色能力，而在于最终成品的色牢度。很多染料在经过现代洗涤机器或者洗涤剂的洗涤及光、汗渍等会无法保持原有的色调、色彩均衡和光泽。天然染料和合成染料均是如此，天然染料的分子结构是有机的，与人造染料的构造不一样。这意味着它们很难与天然染料保持一致性，它们更不稳定，更依赖媒染剂，媒染剂通常为化学品，用于将染料上染于织物。然而，在大批量生产中应用天然染料和新式环保闭路循环工艺的合成染料，对时装工业的绿色环保更有好处。

合成染料种类

　　酸性染料——可溶于水；用于天然蛋白质纤维或锦纶制作的服装用纺织品的分批染色；只要不吸入干的染料，在室内使用是安全的。

　　阳离子染料——也可作为基础染料；可溶于水且需要媒染剂；适合染腈纶；对其他纤维种类在光、洗涤和汗渍情况下的染色牢度不强。

　　直接染料——可独立使用；主要用于纤维素纤维，如棉纤维、黏胶纤维；可溶于水，直接染色，不需要媒染剂；色彩不鲜亮，洗涤牢度不高，但光泽保持性好。

　　分散染料——不溶于水；用于涤纶、醋酸人造丝和其他合成纤维的连续染色。

　　媒染染料——为酸性；钠和重铬酸钾用于稳定染料；色牢度在毛纤维上比较好，染色棉、麻、丝、人造丝和锦纶成功率较低。

　　活性染料——可溶于水；可用于大多数纤维种类的分批染色和连续染色；与纤维的分子进行化学反应形成化学复合物；织物在穿着之前必须经过洗涤去除浮色。

　　硫化染料——没有苛性钠或硫酸钠则不溶；利用高温或盐类添加剂渗透纤维；经过空气氧化或化学作用可染成想要的颜色；用于棉、麻；对光、洗涤和汗渍的色牢度好。

　　还原染料——可用于天然纤维和合成纤维；不溶于水，溶于碱性溶液；空气氧化反应可使染料呈不溶状态；对棉、麻和人造丝的色牢度好；染色人造毛、涤纶、纤维素纤维需要媒染剂。

3

3 当服饰品牌 Baggu 首次与染色设计师沙巴德
（Shabd）合作，这些包都是手工染色的。"她能每天
制作十件，" Baggu 品牌的所有人杉原说。从中国运
来空白的包袋，送到洛杉矶的工业染房，在那儿沙
巴德将她的制作程序教给工人。由于这些包袋是分
两部分程序制作的，所以比 Baggu 品牌的代表产品
要略贵一些。

时装设计元素：环保面料采购

第一章　时装产业中纺织品的角色
第二章　材料
第三章　外观设计
第四章　产品系列概念化
第五章　采购织物
第六章　纺织品与产品系列
采购采访
附录

74

整理方法

　　整理是纺织品投放市场前的最后一个步骤。整理指的是染色或印花前的准备步骤、染色或印花以及染色完成后赋予纺织品某种属性的特别的外部程序。当技术发展到可以让制造者在制造流程的各个阶段赋予纺织品某种需要的属性，其他属性也更容易在整理后的纺织品中实现。很多实用的或表现的整理方法，如防水性和稳定性，通过简单的涂层程序就可以实现；多数装饰性的整理需要在完整的纺织品或服装上进行。整理通常在服装构造程序之前，有的整理也可以在服装构造程序之后。

染色准备的整理方法

　　预处理程序可以使纺织品更适宜染色或印花的油墨。纺织品构造后完成这些程序，并且清除掉在构造过程中织物出现的污迹。污迹包括纱线上浆、油、蜡和机器润滑油，还有尘土。

　　所有纺织品都要通过清洗程序，称为煮练（毛、毛纱）或退浆（棉、丝、合成物），在清洗程序中它们用洗涤剂清洗并烘干。上浆的机织物通过退浆酵素浴溶解浆粉。针织物添加了油以减少静电，令纱线更柔软，这种油需要通过溶剂煮练消除。织物的纤维或长丝分离出来突出于表面，这些像毛发一样的纤维被烧掉，这个过程称为烧毛。这过程令织物表面呈现光滑的质地。如果织物用来印花，这个过程就特别重要。如果织物的染色或印花的颜色为浅到中色，要先漂白为纯白色。多数天然纤维为米白色、深奶油色或黄色，这会影响染色的纯度。另外，如果织物要保持白色或染色为浅色，就需要加荧光增白剂。增加荧光增白剂的化学过程使织物吸收泛黄的光，反射明亮的白光。

1

1 在设计下一季作品的忙碌进程中，牛仔布工业已经发明并实行了具有审美趣味的整理方法。

整理分类

　　整理分为两种方式：机械式或化学式。整理的目的有两个：审美性或功能性。所有的整理都有不同程度的持久性。机械式整理是对纺织品或服装的物理处理。这种整理通常是为了审美，改善或改变面料的外观、悬垂性或手感。很多机械式美学整理可通过洗涤、受热、熨烫或刷的方式进行。牛仔工业是机械式美学整理的最好例子。近年来，牛仔布有很多手工程序的革新，包括砂洗、局部漂白、辊压、撕裂、上蜡和手工斑点。

　　化学整理也称为湿整理。大多数化学整理都是将织物放入容器中，通过轧辊将整理用剂进一步挤压到纤维中。这些化学整理用剂通过热烘消除或固结。一些审美性整理和大多数功能性整理是通过化学整理完成的。很多化学属性现在很常见，如抗静电、抗皱、防污；也有一些特别的属性，如防水或吸收紫外线等。典型的特殊整理是为了军事用途或工业用途而发明的，但时装设计师，特别是户外运动服装设计师，经常使用这些经特殊整理的纺织品。

　　整理的持久性有四种。永久性整理由于纤维结构已经通过化学方式改变，织物会一直保持整理效果。耐久性整理会保持一段时间，但随着洗涤次数的增加，整理效果会慢慢消失。半耐久性整理的效果会很快消失，但通过家用洗涤或干洗会恢复整理效果。暂时性整理的效果经过第一次洗涤就会消失。

一般审美性整理

酸洗——主要用于牛仔布和针织布，漂白程序用氯和浮石以使达到磨砂的效果。

轧光——织物通过加热的轧辊以得到光滑、有光泽的效果的整理方式。可用于波纹效果、凸印图案、高光泽釉和湿外观的蜡光效果。

缩绒——毛针织物或毛机织物通过逐步收缩产生类似毡的感觉的面料。

丝光——通过化学整理方式改善棉织物的光泽、强度和染色性。

拉毛/起绒——通过刷织物表面得到凸起结构的外观。起绒是比拉毛更好的整理方式。

软化——可通过机械方式或化学方式改善织物的手感和悬垂性。

一般功能性整理

抗菌——防污防臭抗菌。

阻燃——阻止织物快速起火。美国要求儿童睡衣采用阻燃面料。

防水——空气和湿气可以通过织物，但液体不可通过。用于防污和拒水服装。

防皱——也称为耐久熨烫。让面料即使经过洗涤也能保持永久的抗皱性能。

巴塔哥尼亚（Patagonia）是 20 世纪 70 年代创立的户外用品品牌，有革新的设计和环保的面料。它是著名的户外服装品牌之一。巴塔哥尼亚（Patagonia）品牌的服装款式美观，具有功能性，且面料与其他品牌不同。巴塔哥尼亚（Patagonia）的面料发展在注重技术性的同时也注重对环境的影响。

问题讨论

1

巴塔哥尼亚（Patagonia）是生态纺织品的世界领导者。你认为他们的可持续发展的承诺对品牌的成功有一定的作用吗？

2

巴塔哥尼亚（Patagonia）是户外用品品牌。你认为时装业的其他市场能够做出同样的可持续发展的承诺吗？

3

可持续发展可通过不同的方法整合为一条生产线。纺织品只是综合体的一部分。你认为有其他的方式可以使生产线达到可持续发展吗？

4

巴塔哥尼亚（Patagonia）也因其纺织品技术发展而闻名，包括防臭、吸湿排汗和记忆。你会为你的产品系列选择具有什么技术属性的纺织品？为什么？

巴塔哥尼亚（Patagonia）夹克的涤
纶外层是用回收材料制作的，如旧
汽水瓶、不能用的二等品织物和破
旧衣服。

第三章

外观设计

外观设计是时装设计过程中重要的部分。外观设计指增强纺织品或服装的整体外观的装饰性处理。外观设计是在制造过程中进行，包括花式纱线的使用、专业结构方法和工业染色效果或印花。然而，很多时候外观设计是设计师针对织物或服装成品来实施的。设计师可以通过外观设计来提高价值、将系列产品联系在一起、区别设计、诠释流行或创作有鲜明特征的款式。

为时装系列增加外观设计需要考虑很多方面。有二维的染色、印花、涂色等方法，也可增加三维的元素，对织物进行整理和刺绣。任何技术都可能用来产生全部的肌理或图案，也可能只对一个区域进行处理，产生点的设计或重点设计。设计师可以选择在织物的阶段、在裁剪的阶段或对服装成品进行外观处理。每一个决定都需要设计师认真考虑成本、技术、织物的重量和结构、服装的最终保养问题以及整体的美感。

我们生活在想法的网络，一种我们自己制作的织物。

约瑟夫·奇尔顿·皮尔斯
（Joseph Chilton Pearce）

时装设计元素：环保面料采购

第一章 时装产业中纺织品的角色
第二章 材料
第三章 外观设计
第四章 产品系列概念化
第五章 采购织物
第六章 纺织品与产品系列
采购采访
附录

82

1 番红花粉是来自印度的天然染料。

装饰染色效果

染色是增强时装设计效果的最通用媒介物。大多数纺织品都是在生产过程的某个阶段进行染色，为了销售而进行有季节性的染色。不染色的织物也可以出售，一般被称为坯布。设计师选用坯布或未染色的布来实行装饰性的染色技术。当染色时，要注意织物的本色会影响染色效果。漂白剂可用来作为染色的逆转程序，可用在染色织物上形成图案，就如同在未染色织物上染色形成图案一样。设计师或客户染房通过机械或手工的方式、采用多种染色方法为纺织品或者服装成品染色。装饰性的点染技术需要更多的劳动力，成本也更高。

全染色技术

全染色是将染料加入液体中，再将织物或服装浸入染浴。根据生产的规模，设计师可选择由自己染色还是请客户染房染色。了解使用哪种染料和设备能达到什么样的染色效果是很重要的。经过一些研究和试验，设计师能够掌握织物和 / 或服装在工作室的染色方法。然而，随着公司的成长，不管是自己厂家的染色能力还是外部供应商来染色，设计师们需要为生产量增长的平稳过渡做一些计划。设计师的一个选择是自己制作样品，然后请供应商来进行批量生产。很多染房可为织物或服装染色，可以以大批量或小批量、机械或手工的染色方式染色。一些大型的染房可根据样品制作大批量产品。大多数染房使用合成染料，也有一些染房主要使用天然染料和环保的染色流程。

2 Kantano 手工绞染技术

2

在染色工厂无法获得全染色效果。定制颜色或过度染色会改变织物的颜色，使其符合设计师的说明。一些染厂只提供他们季节性的染色色卡的颜色，但很多染厂只要满足最低染布量即可提供定制颜色的染色。当过度染色织物的颜色是纯色时，织物的原始颜色应比需要的最终颜色浅。条纹或点的效果可以用全染技术或点染技术。纺织品或服装的部分相继浸入颜色越来越深的染浴或在同一染浴停留时间越来越长，这样会产生渐变效果。

活性染料用于制造完全平均的色彩效果。涂料染色用于独立的程序，制造退色和水洗的效果。低水浸泡技术使用水量少，最后加入定色剂，让染料慢慢渗透进织物。织物会呈现美丽且无法控制的大理石样的花纹。晶体染料产生独特的碎玻璃效果。很多染色工厂也提供专业洗涤。矿物洗能在非牛仔布上产生牛仔布效果，也能很容易改变，形成多种整理方法。酶素洗令织物柔软，有穿过的感觉和外观，特别适用于牛仔布。酸洗促使织物老化，产生磨砂效果。砂洗用浮石或化学品产生不均匀的退色效果。

时装设计元素：环保面料采购

第一章　时装产业中纺织品的角色
第二章　材料
第三章　外观设计
第四章　产品系列概念化
第五章　采购织物
第六章　纺织品与产品系列
采购采访
附录

84

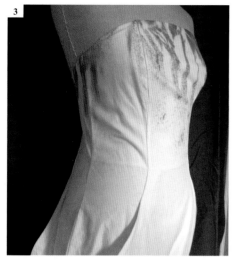

点染技术

　　点染技术用于小批量的织物或服装成品染色中。在服装成品上操作更容易控制染色效果，可通过生产重复此设计。任何染色技术都能用于产生全面的效果，但可能性价比不高。点染技术是劳动密集型产业，性价比更高。随着照片打印技术的发展，在面料上进行传统的劳动密集染色技术，像扎染印花更少见了。这些染色效果用于点缀装饰或者小面积的应用，手工的美能快速增加产品的价值。印花永远不能完全复制出染色独一无二的令人动心之处。

　　段染纱线能让机织物获得类似伊卡特（Ikat）的图案。同样的纱线用于针织物上会有扎染的效果。点染织物主要有两种方法：直接染色或防染。直接染色程序，染料通过使用不同的工具和控制方式直接对织物进行染色。溅染技术和滴染技术模仿泼或滴的效果。喷射法可能用手持喷雾瓶或喷枪。当染液中加入稠化剂海藻酸钠时，手动冲压或手绘更容易控制。

　　防染技术通过控制染液流动来让染料和布的原始颜色形成图案。shibori 绞染是传统日本防染方法，通过捆绑、缝制、折叠和扭转来让一部分面料无法染色。形成的图案错综复杂。扎染是传统防染技术的现代方法。将织物打褶或折叠，用绳或皮筋捆好，再放置于染液中。形成的图案不太精致但容易成功。蜡防染色是在织物上用蜡或现代防染剂的染色方法。包裹纤维的物质阻止染料的渗透，但可以随后通过加热从织物上去除。米糊可作为防染剂，适用于快速冷浴染色或手工染色。马铃薯糊精干燥后产生的裂缝能形成美丽的花边效果。使用马铃薯糊精的方法容易操作，但不适用于浸染，仅适用于手绘染色。

3　艾琳·卡迪根设计的手绘点喷射染色技术应用。

4　一件服装通过仔细计划能形成综合扎染效果。

5　（下一页）亚历山大·麦昆（Alexander McQueen）RTW 2008春/夏深浅染色和服。

5

时装设计元素：环保面料采购

第一章　时装产业中纺织品的角色
第二章　材料
第三章　外观设计
第四章　产品系列概念化
第五章　采购织物
第六章　纺织品与产品系列
采购采访
附录

86

艺术是对图案印象的体验，我们艺术的审美是对图案的认知。

阿尔弗雷德·诺尔司·怀特海
（Alfred North Whitehead）

印花和图案

图案是通过颜色、线条和形状这些装饰性元素的重复形成的。印花指的是在织物表面形成图像的过程和织物表面的图案或产生的图像。特定的图案可以由织物制造过程中结构形成。更多织物上的图案和图像是通过不同的印花技术产生的。设计师可以在工厂、承运商、交易商或零售商处选择采购一种有图案或印花的面料。他们可以和图案设计师、面料设计师或印花工厂合作生产或购买下一季专用的印花。设计师也可以利用计算机辅助设计系统 CAD 来设计自己的图案和印花。有很多种方式可以提供面料的图案或印花，如和供应商签订合同或用传统手工印刷方法。

图案

大多数图案是印到面料上的，一些传统图案是在织物的生产过程中形成的。平纹、伊卡特、提花和缎纹都是在织机上织成的。织锦方法可用于在织机上现场印刷或大尺度单独图像。费尔岛杂色图案毛针织品和拼花镶嵌都是可以制造图案的针织方法。

印制织物图案有很多类型。任何类型的某一图案主题的设计元素特点都可以用无限的方式诠释，产生无限的变化。波尔卡圆点图案是重复的圆形成的图案。条纹是同一方向平行线的组合。格子印花是经纬方向呈 90° 的条纹的交叉。几何图案是模仿机织物图案的结构，如犬牙花纹、格子花纹和人字花纹。它们也可能是抽象重复的几何形状。花卉图案以花、草、叶为主题。这类图案特别流行，可以用不同形式体现，如水彩、迷你、装饰派艺术等。双向印花是日常物品的绘画性展现。民族或种族的印花模仿来自全球的传统艺术和织物图案。杂乱印花是小型的分散的图案。动物图案印花是指表现生物皮毛的图案。佩斯利花纹（以花卉为特点）、中国风（亚洲主题）、田园景色印花都是常见的传统图案。伪装图案（抽象诠释景色）和迷幻图案（多彩的有异国情调的印花）都是常见的现代图案解读。

1&2　一种图案可以通过不同的大小和色彩体现趣味。波尔卡圆点在卢埃拉·巴特里（Luella Bartley）2010 春 / 夏的秀场上。

时装设计元素：环保面料采购

第一章　时装产业中纺织品的角色
第二章　材料
第三章　外观设计
第四章　产品系列概念化
第五章　采购织物
第六章　纺织品与产品系列
采购采访
附录

88

3　并非所有的图案都是印制到织物上的，也可能是在结构形成阶段制成的。薇薇安·维斯特伍德设计的疯狂格子组合。

4　防染和其他手工染技术，乔凡娜·凯尔西（Giovanna Quercy）。

当制作定制印花时，最需要关心的重要方面主要有原始元素或模块、规模、对称。所有图案都是通过单一元素或图案模块的结构性重复实现的。图案模块是图案中非重复图像的最小部分。规模是重复的模块或元素的尺寸。有时流行超大尺寸的图案，有时流行小型图案。对称是指元素或图案模块的重复方式。如果元素是对称的，如单独的圆点，那么它可能是整齐地排列（形成十字图案）或呈一定角度发散的排列（产生有角度的图案）。如果元素是非对称的重复，可能是镜像的（相反方向的反射）、旋转的（围绕中心点旋转 90°）或者万花筒状的（围绕一个发散点发散）。通过上述方式的不同组合，可以得到 17 种图案排列方式。当在设计图案模块时，要了解对边（左对右，上对下）的图案元素很重要，紧邻的两边图案应适合以形成无缝对接重复。图案模块可以以直线或发散的形式排列。CAD 程序能够将一个元素自动形成不同排列设计，更容易形成无缝对接。

印花程序

将图案印制到织物上有很多方法，包括小批量印制的单纯的手工技术、同时印制大批量的全幅机械印制。采购已经印制好的织物时，可以不管织物是否符合设计师的预算和想象力。有时，设计师的作品生产线有一些特别的决定因素，如对环境的关注度和排他主义等。假使这些特定的程序能吸引设计师的顾客，能为销售作参考，当为顾客定制织物时，设计师根据能力、资金、生产需要和目标市场来选择使用的技术。在第四章将会讨论这些因素如何影响外观设计。无论哪种方式，印花的选择都要以设计为主导，这点很重要。

传统的织物印花是手工操作的。手工操作需要使用大量劳动力，制成的成品非常漂亮。近年来，保护传统手工艺和手工织物备受关注，它们能为成品增添意义和价值。手工操作时控制生产流程保证环保更容易。当生产定制织物时，建议用确切的织物、媒介物和生产中所用的方法制作样品并保留。样品应按照最终成品的洗涤说明进行洗涤，以确定印花是否牢固。建议在印花前先洗涤织物，清洗掉可能影响印花媒介物的稳定性的试剂，如整理剂等。

5

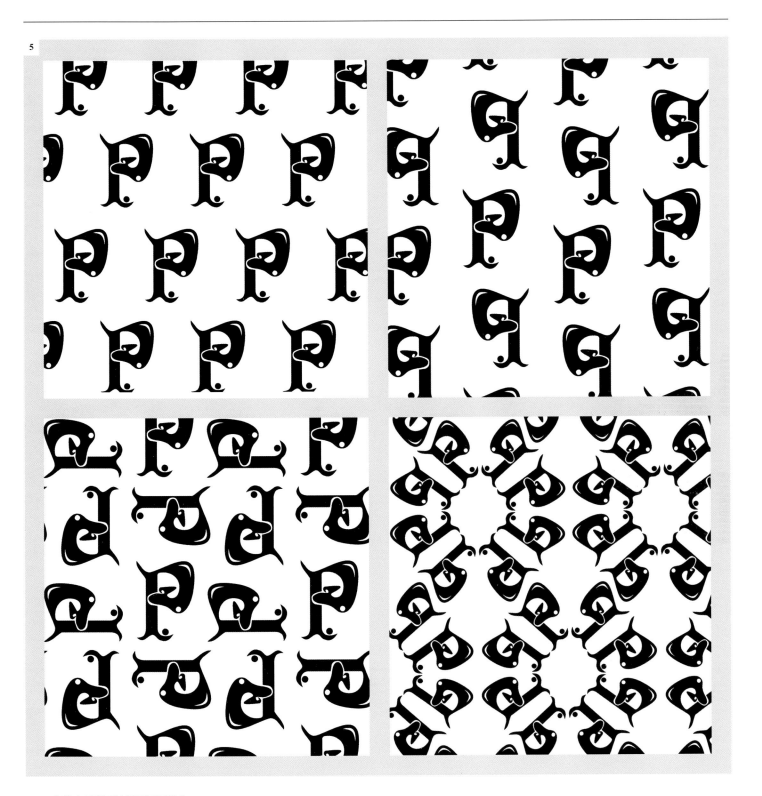

5 一个基本元素可以利用不同组合
产生不同的图案。

左上：水平排列
右上：镜像加水平排列
左下：格子加旋转排列
右下：万花筒加水平排列

时装设计元素：环保面料采购

第一章　时装产业中纺织品的角色
第二章　材料
第三章　外观设计
第四章　产品系列概念化
第五章　采购织物
第六章　纺织品与产品系列
采购采访
附录

90

6 双向印花的棉质连衣裙，伊尔莎·斯奇培尔莉（Elsa Schiaparelli，1890—1973，意大利）。

7 纽约的布鲁克林 Eye Dazzler 设计工作室用户定制设计织物。

定制面料最简单和最困难的方法是手绘。说它最简单，是因为用到的工具很少，说它最难，是因为生产任何数量的成品都需要相当的才华和时间。手绘适合于现场设计，当自由绘画时，服装和服装要有区别。模块印花类似于盖章，将某一图案印制到织物上。传统方式是用雕刻的木块蘸油墨使用。重复盖章的方式可用于任何物体上。模块印花的另一个方式是将油墨涂在雕刻的木块或有肌理的表面，将织物的正面放置在有油墨的一面，然后加压，将油墨转印到织物表面上。最多功能的工作室印花方法是丝网印花。丝网印花是用橡胶滚轴迫使油墨通过部分封闭的丝网印到织物表面的方法。油墨通过丝网没有封闭的区域形成效果。封闭丝网的方法有模版、手绘丝网填充和使用能达到更细致效果的光敏感乳剂。丝网印花适用于现场印花和批量印花。宽幅丝网可以用于生产大批量的织物。丝网印花机可用于生产多种颜色精确对准的图像。

大多数预先印好的织物是由大型辊筒印花机印花的。辊筒印花只有几百年历史。辊筒印花机有一系列与织物幅宽长度的辊筒。每一个辊筒都被雕刻、蚀刻或被机器切割，印花能够呈现单色图像。当织物经过每一个辊筒时，辊筒雕刻处的油墨就转印到织物上。辊筒的这种机械化方式能持续且流畅地印制多色图案，每分钟 45.72~91.44 米（50~100 码）。自动化丝网印花也适合大批量印花。平板丝网印花机使用一系列有橡胶滚轴的丝网来印制多色图案。新型机器能够印 91.44 厘米（36 英寸）的图案，每小时印制 1097.3 米（1200 码）。辊筒丝网印花是将辊筒与丝网组合在一起。油墨通过有孔的辊筒落到速度为每小时 3200.4 米（3500 码）的织物上。这些方法成本低，要求尽可能的少，适合不需要设计师设计的客户定制。近年来开发的数码印花程序，印花快且简单，适合各层次设计师的多色纺织品印刷。

7

10 多色设计的印花的大量生产能力令市场各层次都有相应的织物可以销售。辊筒印花的儿童棉质连衣裙，Image© 经典纺织品。

11 传统印度重复模块印刷使用的雕刻模块。谢里尔·科兰德尔（Cheryl Kolander）设计。

8 手绘可以自由表达设计，但在生产中很难保持一致。Shaelyn Zhu© 品牌 2011 大学生毕业作品手绘围巾。

9 未登记的多色丝网印花可以通过基本设备实现。THREE 艾琳·卡迪根环保丝网印花 T 恤。

12 多色丝网印花可以手工操作
也可以机械操作。利奥拉·瑞蒙
（Liora Rimoch）设计的获奖手工
印花织物作品。

时装设计元素：环保面料采购

第一章 时装产业中纺织品的角色
第二章 材料
第三章 外观设计
第四章 产品系列概念化
第五章 采购织物
第六章 纺织品与产品系列
采购采访
附录

94

打印纯黑色

当图像用到纯黑色时，最好不要选择 CAD 默认的黑色。更好的方法是，进入程序的颜色拾取器，人工设定 C=50%、M=40%、Y=40%、B=100%，这样可以得到喷墨打印机里的最黑的黑色。

数码印花

数码印花和传统的工业印花方法不同。对图案和印花创造的基本技术和训练要求更低。任何有艺术天分的人都可以从多种 CAD 短期课程中选择一种来学习。课程内容从照片处理、艺术创造到用非常基本的元素自动进行各种复杂的重复印花。没有进一步的技术能直接在织物上生成图像。不需要分离颜色，不需要丝网和辊筒。颜色不像其他程序那样，需要直接接触织物，一次印一种颜色。数码印花机用一系列喷嘴或喷头从上方向织物喷射油墨。艺术作品以电子的形式从计算机直接传送至印花机，取消了一切真实的设备和工具。不同于其他程序，数码印花适合任何数量的织物生产，样品和大批量的生产都可以。然而成本比其他方法都要高。

使用的油墨为青（翠蓝）、品红（粉红）、黄、黑。喷墨打印机通过改变四种油墨的分量能产生几乎是全范围的 256 种颜色。然而，有一些颜色如高橙或深紫很难生产。打印机还有额外的两个喷头，运行 CcMmYK 而不是 CMYK，扩展生产更多的颜色。不管怎样，数码印花的色彩范围比其他印花方式都要大。喷墨图像由一系列微小的油墨滴形成，这就是 DPI（每英寸所打印的点数）。当前的数码纺织品打印已经能打印 1440DPI 的作品，而任何能打印出 300DPI 的打印机都能够精确复制照片般真实的复杂图像。

数码印花的油墨有四种，各自有各自的优缺点。活性油墨色彩鲜艳，有很好的光照和洗涤稳定性。织物在打印前先要经过键合剂处理，打印后需汽蒸和洗涤。活性油墨适于天然纤维，如棉、丝、麻等。酸性油墨色彩鲜艳，有优秀的色彩稳定性，适用于泳装、运动装和皮革制品等。预处理和汽蒸洗涤后处理都是必要的。分散油墨（第一种纺织品数码印花油墨）仅适用于聚酯纤维或复合高聚物，色彩没有活性油墨或酸性油墨那么鲜艳，但有优秀的色彩稳定性。低能的分散油墨可打印在纸上，再通过染料升华的热定形程序转印到织物上。高能的分散油墨可以直接用于织物，再进行热定形。颜料类油墨适用于多个织物种类。然而，由于利用干燥方法上色，油墨固着于纤维上。颜色深的油墨会影响织物的手感。浅色的颜料类油墨有优秀的光照稳定性和良好的洗涤稳定性。颜色越深，洗涤稳定性越差。这种油墨使用方便。面料不需要预处理，打印后需要紫外线固化处理。

13&14 照片般真实的数码定位印花，希腊设计师玛丽·卡特兰佐（Mary Katrantzou）秋／冬 2012。

时装设计元素：环保面料采购

第一章　时装产业中纺织品的角色
第二章　材料
第三章　外观设计
第四章　产品系列概念化
第五章　采购织物
第六章　纺织品与产品系列
采购采访
附录

96

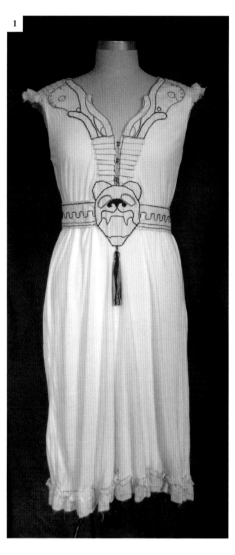

1　基于玛雅的创世故事设计的手工刺绣环保连衣裙。艾琳·卡迪根 2009。

2　复制荷兰静物的野生花卉，刺绣在黑网裙的窄幅缎带上。瓦伦蒂诺（Valentino）秋 / 冬 2013。

刺绣

刺绣是通过华丽的针线活制造的表面设计艺术。凸起的设计是用精确而重复的线迹在织物表面形成的装饰图案。对比色、多色或金属的线能让刺绣作品从织物背景中突出。有时候用与织物相配的颜色的线，或者先刺绣再染色。

在印花织物广泛使用之前，刺绣是装饰性面料的最重要手段。多数女性会一些刺绣的技能，富有的家庭还有自己的绣工。刺绣是由手工来完成，复杂的款式是从一些基本技术发展而来的。现在的市场所提供的手工刺绣常常采购于那些刺绣仍然普遍流行的国家。大多数的刺绣工作是由机器完成的。

缝迹

手工刺绣需要一根针和一根线。手工刺绣就是线在什么位置和如何安排的工艺。直线缝迹是最普遍的刺绣形式，用来勾画、轮廓或填充。直线缝迹简单得就像基本的平针针法，复杂的就像贴线缝绣，"线"是由小段的缝迹形成的。链式缝迹是由环形线串套而成的。回式针法和劈针都是后一针刺前一针针迹。分离针的每一针都是单独的。雏菊绣是由一个小的固定针来固定一个线圈，适合制作花瓣形。锁针是一个固定针缝制"V"形。法国（或双圈）结可以单独使用或者用于纹理填充。十字缝迹由重复的"X"形线迹组成。缎纹缝迹的线迹紧密，形成光滑的凸起效果。刺绣需要耐心和技能，也是最简单的艺术形式。材料不贵，针法可以从书中学习。

2

时装设计元素：环保面料采购

第一章　时装产业中纺织品的角色
第二章　材料
第三章　外观设计
第四章　产品系列概念化
第五章　采购织物
第六章　纺织品与产品系列
采购采访
附录

98

3

3　全身均为机绣的 T 恤，使用的是蕾丝刺绣机。帕特里克·厄维尔（Patrik Ervell）春 / 夏 2006。

样式

　　自由刺绣是设计和缝迹不基于织物的组织形式的刺绣方式。来自中国和日本的传统刺绣主题使用自由式缎纹线迹，产生复杂的、有象征意义的设计。绒线刺绣采用多种颜色，在手绘设计上面使用厚重的毛线。绒线刺绣主要采用直线缝迹。Redwork（Bluework）是世纪之交的一种原始的乡村刺绣技术，当时便宜的图案多用于方形的平纹细布，用一种颜色的线来缝制。也可以用不同的线迹。

　　数纱绣是在机织物上操作，使经纱或纬纱产生明显的重复图案。绣工数织物的纱线数来安排刺绣设计。很多传统的技术都是基于这个方法。阿西西风格作品与此相反。刺绣填充的背景令织物产生装饰图案。Blackwork 本来是将黑色纱线扭转，缝制在白色底布上，使用严格的缝迹表现色调的级别，绘出几何或花卉图案。Blackwork 不仅指使用的颜色而是指刺绣的式样。Hardanger（也称 Whitework）是在白布上用白线结合抽绣的数纱技术。抽绣使用基础的移纬纱或移经纱技术。刺绣缝迹是将保留的纱线束起来加入透孔织物图案中。数纱绣还有十字绣和针绣花边。

　　雕绣利用不同的刺绣缝迹技术勾出图案的轮廓，将填充的绣片从布上裁切下来。网眼布和剪边是这种雕绣的最好例子。机绣是当代服装产业应用最广泛的技术。除了几个高端艺术刺绣工作室，美国和欧洲的多数刺绣作品都是机器制造的。席弗里刺绣机是最常用的刺绣生产机器，可以以 1000 针来工作，它能生产几乎所有手工缝迹。一台席弗里刺绣机能生产宽度从几英寸到几码的作品。

4

4 Whitework 是使用一种色彩的刺绣，通常最适合的就是基本的帆布，帆布的质地决定了其设计和技术。

时装设计元素：环保面料采购

第一章　时装产业中纺织品的角色
第二章　材料
第三章　外观设计
第四章　产品系列概念化
第五章　采购织物
第六章　纺织品与产品系列
采购采访
附录

1 装饰衣褶用于服装的袖、腰围和颈部，瓦伦蒂诺（Valentino）2012 春 / 夏系列。

三维表面技术

表面设计通过对织物的处理或使用三维装饰技术使二维的织物表面凸起。虽然这两种表面处理技术可以应用于织物上，但它们通常在服装进行裁片裁剪之前或制成成衣后进行。这种艺术形式的三维品质给服装廓型增添了运动功能或戏剧效果。

织物处理可产生服装结构和形式或者增加装饰元素。通常这些技术同时达到这两种目的。可通过不同的缝纫方式、熨烫方式、汽蒸方式和裁剪方式来获得不同的肌理和图案。织物处理可以是加法，也可以是减法。装饰是加法的艺术形式。三维的物体用线、黏合剂或特别制作的外罩固定在织物表面。装饰的物体可以是功能性的、装饰性的或者两者皆有。

织物处理

织物处理是通过不同的结构和装饰技术将织物表面进行再塑形的艺术形式。织物处理可以说是可穿用织物设计的一部分。从古代开始就利用立裁技术来对一块布进行与人体相适合的装饰与结构设计。应用范围包括从松散的褶皱织物到热定形的半刚性织物。

立裁、抽褶和装饰衣褶都是可用于功能性与装饰性的软抽褶技术。立裁用于合体的模特或连衣裙形式。它是扭转、裁剪、收褶和将织物结合雕刻设计服装的方式。在服装上收褶可产生特别丰满的效果。织物柔和地折在一起，再用线松松的固定，或在缝纫机上用收褶压脚制作并用固定针迹固定。抽褶的规格根据针迹的针距而定。褶主要位于服装的交接部分，如腰部、肩部或腕部。窄条纹的织物收褶可能会产生褶饰花边。装饰衣褶是通过褶的垂直列间距来控制服装的丰满度。传统的装饰衣褶是通过手工刺绣技术来实现的，而今经常用机器缝制橡皮筋来达到效果。

2

2 疯狂拼布连衣裙，贾斯珀·康兰（Jasper Conran）2013 春 / 夏秀。

3

活褶和缝褶被精确地安排好并固定，形成严格的顺序。活褶是织物在垂直方向的折叠形成的，边缘清晰。刀形窄褶是朝向一个方向的折叠褶。箱形褶裥是两两相对的折叠褶。暗裥是严密固定好的两两相对的折叠褶。迷你褶非常窄，经过多重热压的迷你褶可产生肌理感和形式感。缝褶是严格地将部分或全部长度方向缝好的窄褶。缝褶在服装上可以是水平方向、垂直方向和各种角度的。针裥是特别窄的缝褶，常用在塔士多西服衬衫和儿童服装上。

绗缝、拼布和绞染是装饰技术。绗缝是在两层织物中间填充立体的填充物，再进行装饰性缝迹。连续平整的棉絮片是最常使用的，使用棉絮片时，表层织物可以进行各种设计的缝制，有时还可采用绳或其他东西制作独特的形状。特定的填充物，如羽绒，可能用于户外服装的功能性设计。拼布是将多种布片缝制在一起形成新的布。特别形状的布片可用疯狂拼布技术来制作独特的图案或随机的有机形状。有时绗缝会用于拼布上以产生肌理效果。绞染是古代日本用线捆扎织物再加热的艺术。绞染可通过填加染料，上染图案，但是有结构的绞染可应用此技术给织物持久的肌理效果。任何织物都可用持久的缝迹、捆扎或打结方法。对热敏感的织物，如丝或涤纶一定是通过限制织物的某些区域来产生永久的肌理，汽蒸或热压，然后再取消限制。

减法操作方法是从织物中去除一些纤维，以形成肌理和图案。雕绣和开衩是传统手工技术，一般和刺绣联合使用。面料上故意制作的洞和裂缝都要通过缝制来确保不会有意外的撕裂。激光裁切是减法操作的现代技术。激光波产生的热可以裁切不同材料，会融化热敏感的织物，但其他织物由于有缝迹可以不被撕裂。皮革和绒面革适合激光裁切。做旧是操作技术广泛用于牛仔布等。做旧是对织物的纤维进行裁切、撕裂、劈或磨而形成肌理的一种表现形式。

3　迷你褶套装。亚历山大·麦昆
2012 春／夏秀。

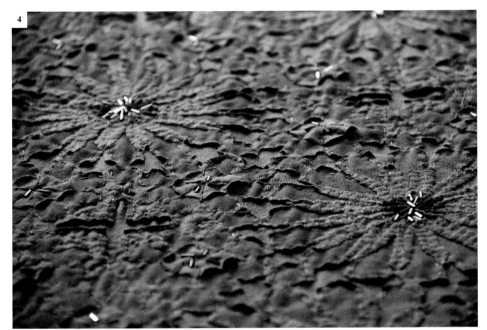

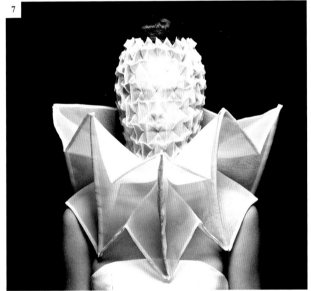

4 手工绗缝针织经编织物。装饰精致的玻璃珠，满地复杂的刺绣图案。阿拉巴马·查茵（Alabama Chanin）2012。

5 布瑞恩·努斯鲍姆（Brian Nussbaum）的破坏的针织连衣裙。

6 用激光切割的山羊皮革和装饰有黄铜铆钉、康卡斯羽毛、皮革流苏的压花皮革制成的战士背心。凯莉·霍里根（Kelly Horrigan）2011手工制作。

7 热定形绞染技术。哈里森·约翰逊（Harrison Johnson）。

时装设计元素：环保面料采购

第一章　时装产业中纺织品的角色
第二章　材料
第三章　外观设计
第四章　产品系列概念化
第五章　采购织物
第六章　纺织品与产品系列
采购采访
附录

104

8

装饰是在纺织品表面增加三维的装饰物品。传统上来说，很多文化用有意义的物品来装饰团体的标志性人物的服装。带来的影响就是在现代社会中，军装还有活动编带、贴布绣片和黄铜纽扣。装饰经常用来强调某一事件的重要性，但会增加服装的成本。

当设计师想要遍布装饰的效果时，建议使用有装饰的面料。任何手工的连续装饰都价格昂贵，只有在高端产品系列上使用才有经济意义。

珠绣适合休闲装还是晚装要依珠子的材质而定。珠子一般是通过线缝到织物表面形成图案的。大点的珠子的中心可以穿过织物，比如太阳裙的带子。在晚装中，闪光装饰片常常和珠子一起使用。闪光装饰片是用可反光的材质制作的小片，可以缝在织物上，装饰片通过缝线固定在织物上。遍布装饰片的织物或布条很容易买到。贴花常被错认为拼布。拼布是将织物的边缘缝缀到一起，贴花则是将有形状的布缝缀到另一片独立的织物上。花环、褶裥等任何三维的物体都和平面的物体一样使用。

现代很多装饰并不是通过缝制的方法固定到织物上的。平背水晶、类似金属的钉头装饰、金字塔形装饰钉都可以用强力黏合剂粘到织物上。在高档时装中，这些装饰常这样使用，用金属外壳穿透至织物背面，再将装饰嵌入金属外壳中。一些装饰有可穿透织物的自固定式弯曲点。金属钉可用螺丝从织物背面固定。金属扣眼、子母扣、纽扣和拉链的用途都是服装扣合，但近年来也常用于外观设计的装饰性用途。

流苏是可用任何材料制成的固定在织物上的悬挂物。它可以遍布全身，也可以只是装饰。皮革、链条、编带和穗可以在网上或装饰条商店购买成品。由于这些可以用手工制作，很容易找到适合搭配的装饰条，也不需要设计师花费太多时间寻找。

8　福利和克莉丝汀（Foley and Christina）带有编带和穗的针织麻制毛衣。

9

10

9 星空主题的装饰珠片的鸡尾酒会短上衣。超现实主义设计师艾尔莎·夏帕瑞丽（Elsa Schiaparelli，1890—1973，意大利）。

10 带有皮革和加工过的羽毛制作的装饰边的毛质古典外套。凯莉·霍里根（Kelly Horrigan），2011 年。

安娜·苏的成衣系列是基于面料图案设计的。每一季她的产品
系列都是五色缤纷的印花面料的对比与协调。她是色彩应用的行家，
也很擅长表面处理，擅长在即使每一款服装都有多种印花、图案的
面料或表面处理的情况下，表现统一产品系列的结构的平衡和比例。

问题讨论

1

安娜·苏以在每一个产品系列中使用多重图案的装饰闻名。她的产品系列有一个统一整体的外观，使用的设计元素是什么？

2

在你的设计中，你是否能发现印花或图案的使用能够加强或扰乱整体设计理念？为什么？

3

如果安娜·苏在作品中不使用这么多的印花面料，你认为她的作品还会这样出色吗？

4

虽然安娜·苏在每一个产品系列都使用了迥然不同的图案，但她使用的面料还是有整体的鲜明特征。你认为她是如何把握的？

有趣的色彩、印花和肌
理的组合。安娜·苏 2012
秋 / 冬秀。

第四章

产品系列概念化

要想将令人惊叹的时装带给顾客，很重要的一件工作就是选择基本材料。一旦设计师对于他的产品所使用的材料有了想法，他们一定知道如何找到合适的材料和到哪里去购买。时装面料有很多渠道可以获得。根据公司的规模、产品的市场级别和所要的材料种类来寻找合适的卖家。设计师可能每一季都更换采购来源，也可能和纺织品商建立长期联系。多数企业可能会随着贸易的成长同时使用新的纺织品商和可信赖的纺织品来源。

当为已经成熟的品牌设计时，设计师可能会得到一个可信赖纺织品商的清单，从他们生产的产品中可以找到特别的纺织品属性和特征，在选择纺织品时对价格也不那么敏感。一个新兴品牌的设计师需要做预算，仔细选择，花费大量的时间确定面料。每种方式都应该做成本预算，确保选择的面料不会超出生产成本，这会影响到批发和最终的零售价格。如果找到了非常好但是昂贵的面料，设计师应简化结构细节以减少成本或减少第二层织物的预算，因为真正美妙的面料是可以支持一个产品系列的。

在价格被遗忘之后，质量仍会被长久地记住。

——古琦（Gucci）广告语

你的艺术不是为所有人准备的。一旦了解了这一点，就会很轻松地找到欣赏你的作品的人。

——艾莉森·斯坦菲尔德
（Alyson Stanfield）

目标市场与时装日程表

在成立时装品牌和成功的产品系列之前，设计师应该先组织调研。在初期，对成功时装商业模式的调研应是实际的且可分析的。为了解从哪里获得适合时装世界的创造力和穿着者是哪种群体，设计师应组织市场分析，再基于获得的信息做出决策。设计师很少会独自做调研，学生、同学和教授会给予反馈和评价。专业的设计师是可以交换意见的设计团队的一部分，对即将生产哪种类型作以说明。除了有创造力的团队之外，专业设计师寻找贸易顾问或营销团队合作是很聪明的选择。实际的贸易决策应优先于设计，包括生产哪种商品，销售给哪些顾客，一年能提供多少次新产品。通过翻阅时装日程表和组织目标市场分析，就可以得到做决策所需要的信息。

时装日程表

时装是周期性的商业。每一个公历年，时装业都按自己的日程表运行。所有的设计师在生产一个系列产品之前都会先查看时装日程表，因为季节影响服装生产的种类和范围。主要的两个销售季是春／夏季和秋／冬季，建议在秋／冬季发布新的设计系列，因为这个销售季时间更长。这给设计师更多的机会向顾客介绍自己，也有更多的时间来准备第二个系列。要记住，永不会再有像处女秀那么充足的准备时间了。

111

目标市场与时装日程表
灵感与潮流
时尚色彩
纺织品与廓型
外观与想法构造
聚焦设计——罗达特（RODARTE）

1

1 斯特拉·麦卡托尼试图将环保时装与奢侈品市场结合到一起。她的 RTW 秋 / 冬 2012 系列特点是刺绣的面料、有凸纹的双层绉、有弹性的毛织物，根据季节、环保、趋势和市场来决定。

时装设计元素：环保面料采购

第一章　时装产业中纺织品的角色
第二章　材料
第三章　外观设计
第四章　产品系列概念化
第五章　采购织物
第六章　纺织品与产品系列
采购采访
附录

112

慢时尚

销售季的增加数量带来了更短的销售时间，最近时装业有一些改变以应对这种情况。这种改变就是慢时尚。慢时尚设计师一年通常生产一个产品系列。有些设计师增加或减少一个或两个季节特征鲜明的产品，换成其他无季节特征的搭配产品。还有些设计师或品牌拥有经典产品系列，年复一年只更换新的面料或者新的细节。社会责任和环保理念帮助了慢时尚趋势的发展。

由于生产的需要，交货的时间需要大约在出售前六个月。时装周主要在纽约、伦敦和巴黎举办。买手和新闻界在此期间观赏设计师的作品。设计师可以在秀场或展览厅展示作品。根据客户的反应和订单，从最初的服装系列范围中选择一部分投入生产。用于生产样品服装和表演服装的面料也一定是可以满足大批量生产的需要的。为了保证需要，设计师可能需要根据预测的销售情况，不得不提前购买一些难以采购到的面料，或者选择生产有保证的面料。

除了两个主要的销售季之外，时装日程表上还有一些销售季呈现上升势头，有些设计师可能会为这些销售季设计相应作品。增加的销售季有高级时装、度假装和初秋季。一些公司将春 / 夏季分为两个独立的销售季。根据目标市场、购买和市场划分来决定设计师的商务计划中的销售季的数量。时装商业中增加销售季的决策是很慎重的，这会影响工时、增加生产成本。

113

目标市场与时装日程表
灵感与潮流
时尚色彩
纺织品与廓型
外观与想法构造
聚焦设计——罗达特（RODARTE）

2 （对页）澳大利亚街头服装品牌 Ksubi 很了解它的市场，它能定制具有独一无二细节的季节性服装。季节性的部分通过实验和漂白、扎染、印花、刺绣、铆钉或宝石装饰、撕裂等来改变，以确保有限的流程。

目标市场

要想取得销售成功，必须了解目标顾客。这在时装业非常正确，很多人利用服装向世界表明自己的身份。通过面料的选择、肌理处理设计和服装线条，可以确切了解一个人和他的身份特征。在时装业，分析开始于商品细分。商品细分主要有三个分类：女装、男装和童装。这种分类可以进一步细分。市场级别的数量取决于产品范围属于哪一个分类和是否主要销售到美国或欧洲去。在美国有 12 个独立的女装市场，在欧洲只有 6 个。女装市场细分包括：高级时装、设计师品牌、当代和大众市场。市场细分影响服装的成本，包括品质和面料采购性。

除了标准的服装细分之外，建议根据目标市场分析进一步挖掘顾客群体。基于时装品牌分析顾客，你所要的顾客都有哪些群体，他们是什么样子，他们穿着什么，他们的计划人物角色是什么样的。在时装业中，你设计作品针对的顾客和最终购买的顾客可能没有关系。当你设计作品的形象富有灵感，购买者确实想购买这种形象时，会发生这种情况。

目标市场首先以性别或性取向来区别男装或女装。目标顾客的社会经济地位和年龄影响面料的选择、表面处理的方式、色彩的选择和廓型。一般来说，制作质量和设计会同时提升。生活方式和身材使顾客关注面料的工艺要求和产品的号型范围。爱运动的顾客和需要加大号尺码的顾客可能需要有弹性的面料。天气或地点等环境的因素使服装需要具备一些更重要的专业的性能，如北方气候下的户外服装和都市俱乐部穿着的服装。社会文化价值，如宗教信仰、政治关系、环保理念和种族特点会体现在材料、廓型和印花图案上。

时装设计元素：环保面料采购

第一章 时装产业中纺织品的角色
第二章 材料
第三章 外观设计
第四章 产品系列概念化
第五章 采购织物
第六章 纺织品与产品系列
采购采访
附录

114

灵感与潮流

设计师不进行虚空的设计。在今天快节奏且全球化的环境中，我们持续地被视觉和观念的信息冲击。没有切实的办法能将我们的意识从获得、处理和反刍看到和体验到的事物中抽离。作为艺术家和设计师，我们追求独创性和个性观点。然而作为一个人，我们与身边的世界以感觉不到的方式相联系。潮流由这些感觉不到的趋势组成。这些趋势就是集体意识。这个概念用来解释为什么潮流制造者经常展示由同一灵感影响产生的同一产品系列。产品系列在何处进入潮流，要看设计师有多敏感，能察觉看起来没什么联系的信息。

灵感与潮流可以直接转化为面料的选择。有时这种表现是很明显且真实的。例如，如果流行透明薄织物，设计师会选择雪纺、欧根纱、网纱或透明的乙烯材料。有时表现可能会更概念化，有象征意味。一部新的电影或绘画作品展示都可能会影响服装色彩、廓型或印花趋势的流行。

灵感

一旦品牌的理念建立起来，设计团队应根据顾客的认知和季节因素寻找灵感。灵感可以来源于一个或很多元素。灵感就在我们身边。"衣服的时代精神"成为时装工业的职责。设计师要与时俱进，学习包括时装在内的很多知识。艺术从音乐、电影、绘画和戏剧中汲取灵感。文化通过传统、政治和社会交流给予灵感。设计通过书籍、建筑、工业设计和内部设计得到灵感。经验指导调研。旅行、观画展、观看戏剧和听演讲、探索新的音乐、阅读书籍、购物，保持对周围世界的持续性关注。

对于现在来说，历史也是灵感的来源。设计师经常在服装的古典循环或特定时间周期中找到灵感。20 世纪 70 年代的灵感带给了 90 年代，20 世纪 80 年代的灵感带给了 21 世纪初。设计师要注意，不能照搬过去的款式，产品系列看起来复古而不是陈旧感。

115

目标市场与时装日程表
灵感与潮流
时尚色彩
纺织品与廓型
外观与想法构造
聚焦设计——罗达特（RODARTE）

1

1 设计师速写簿上很多产品系列的初始面貌。卡洛琳·考夫曼（Caroline Kaufman）。

2 用于时装参考的织物、编辑的内容和找到的物品拼凑成概念板。阿扎·齐格勒（Aza Ziegler），普瑞特艺术学院。

3 找到的图像和纹理的拼贴给予潮流、廓型、面料选择和色彩搭配的灵感。承蒙朱莉安娜·霍纳（Julianna Horner）2011 毕业作品。

时装设计元素：环保面料采购

第一章　时装产业中纺织品的角色
第二章　材料
第三章　外观设计
第四章　产品系列概念化
第五章　采购织物
第六章　纺织品与产品系列
采购采访
附录

116

报告板

灵感板——最初和逐渐改变的工作板或设计和销售团队为即将到来的一季发布的灵感和潮流信息。

情绪板——由从灵感板得到的灵感说明或灵感的具体化、顾客、市场、色彩故事等关键因素最终概念板。

故事板——情绪板加时尚说明，将 CAD 或手绘的平线表用于代表作品或市场表现来说明产品系列。

建议随身携带速写本或笔记本，随时记录下闪现的灵感。可以通过文字、剪报、织物小样和绘画记录灵感。当时间临近新系列发布时，设计师团队应回顾，并对本季时装系列最打动人的部分进行精炼。在这一点上，应传达灵感的探索研究并发布灵感板。灵感板可以是工作室的一面墙或一块板，当设计产品系列时会在上面添加图像、绘画、面料小样等。对所有工作的设计师来说，灵感都应该是持续可以看见的。后期的情绪板和故事板用来对投资人、营销团队、媒体或买手说明所展示的产品系列。

潮流

正如前面几章所介绍的，纺织品的流行趋势至少比时装流行趋势提早两年。工厂根据现有的订单和加单来分析信息。通过汇集销售最好的面料的肌理、手感、色彩和印花，他们对未来进行计划，试图预测流行趋势从哪里开始、何时到达高峰、何时开始衰落。所有的工厂必须有几种类型的流行趋势分析部门，主要的工厂雇用全职流行趋势预测师。纺织品预测很重要，因为无论临时发生了什么变化，现在生产的纺织品、肌理、印花和色彩在两三年后都将为设计师所用。

趋势预测在时装业中很重要。大多数专业的设计师、设计团队和设计学校订购几种专业流行预测。可能是来自纺织品交易会或贸易交易会、出版物或网站。如果没有正式的订购，他们可能会进行针对市场的内部研究或个人研究。一些设计专业的学生不打算追随或关注流行趋势，好像这样做会影响他们的创造力。其实并不会这样，将设计仅看作是艺术的一种形式可能会让设计者无法进行专业的设计工作。时装设计就是商业；时装的历史是商业，对时装进行艺术的构思仅是近年来才发展起来的。任何商业最主要目的就是利润。设计师必须关注顾客对潮流的接受程度。成功的时装工作室应了解顾客的基本信息，再依此和当前潮流进行设计。

117

目标市场与时装日程表
灵感与潮流
时尚色彩
纺织品与廓型
外观与想法构造
聚焦设计——罗达特（RODARTE）

潮流的类型

暂时的流行——在一季内开始、到达顶峰并衰落的流行。

潮流——某种色彩、廓型、外观处理或款式开始被早期使用者接受，最终流行到普通大众，持续几个季节。

经典——一般为一种色彩或廓型，形成、达到顶峰，在时装界中一直没有衰落，如黑色或堑壕上衣。

设计保护

当从过去或现在的艺术和设计趋势中寻找灵感时要注意设计师的著作权。当设计师从他人的艺术作品中获取灵感并抄袭了部分或全部时就构成了侵权。在时装界这种行为越来越盛行。故意的设计侵权导致了很多问题的产生，有些工厂通过生产与正品设计或商标极为相似的假冒奢侈品来牟取暴利。无论如何，所有设计师都要注意避免无意地设计与别人的作品相似的作品。

法律为设计师的作品提供了保护，但无法从根本上杜绝设计侵权。每位设计师都应自律，并关注时装界中设计侵权带来的社会结果。著作权保护法能够保护艺术作品中直接可见的织物设计、印花和图案等。一些设计师通过与作者签署许可协议的方式来使用有著作权的图案。在许可交易中，设计公司使用有著作权的图案需要付版税或给出一定比例的收益。服装设计被认为是实用主义的，艺术价值与功能性剥离开才可以受到著作权保护。商标法保护品牌的特性和标志。商标法中增补了条款，商业外观可以保护产品包括设计在内的所有外观。一些知名公司为他们的品牌也申请了许可证。

4 设计师利用收集来的信息构思他们想要设计的作品。普瑞特艺术学院服装系。

5 *Stylesight.com* 是知名的时装设计潮流预测网站。

时装设计元素：环保面料采购

第一章　时装产业中纺织品的角色
第二章　材料
第三章　外观设计
第四章　产品系列概念化
第五章　采购织物
第六章　纺织品与产品系列
采购采访
附录

118

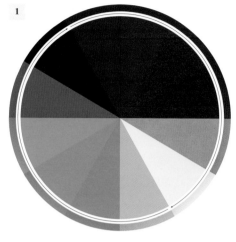

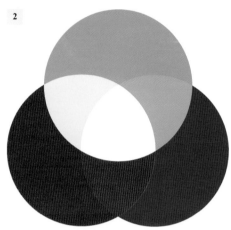

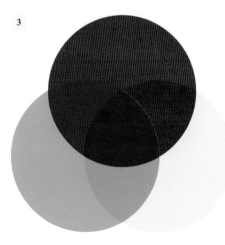

时尚色彩

色彩能给人视觉以即刻反应。色彩可能是任何设计系列中最个人和最能表现感情的元素。时装周期中的色彩来自季节和潮流。颜料和染料的技术进步令新的色彩成为可能，这影响了市场。色彩潮流受大众文化、经济气候和消费者价值观的影响。设计师如何和为什么选择色彩要根据品牌审美、目标市场、季节性灵感和当时潮流。根据市场细分品牌是否时尚，设计师的色彩趋势的变化可能更灵活或不那么灵活。为设计系列选择色彩是很重要的，色彩是顾客是否选择产品的关键因素之一。

色彩理论

要研究色彩就应先了解几个关键概念。色彩是一定波长的光通过表面反射形成的。全光谱的光射到物体表面，物体吸收了一部分光，反射了另一部分。反射的这部分光被人眼接收，就是物体的颜色。可见光光谱为红、橙、黄、绿、蓝、靛、紫。在设计中，这六种颜色（没有靛）产生了基本的色轮。第一层级色彩红、黄、蓝混合产生第二层级色彩绿、橙、紫。再发展的色轮继续与相邻的色彩混合产生第三层级色彩（如黄绿）、第四层级色彩，等等。不同的色调加入不同量的黑或白可令色彩产生不同明暗和深浅的变化。混合在色轮上角度相对的色彩可产生不同的褐或灰色。色轮理论可用于调配织物染料、印刷和屏幕印刷油墨。

色轮可作为工具显示色彩间的概念性联系。色轮中相邻的色彩为类似色。色轮中呈对角的色彩是互补色。分散的互补色是一种色彩加紧邻它的补色的两种色彩。另一种色彩理论是在色轮上添加等边三角形、正方形或长方形产生的。这些复杂的色彩组合中一种色彩占主导，其他色彩少量时非常和谐。

加法混合或减法混合也是色彩理论。加法混合色彩理论，混合光的基本色红、蓝、绿。减法混合色彩理论，应用于增加的色轮的第二层级色彩品红、黄、青绿。这三种色彩再加上黑，可产生全范围的可见色彩，广泛应用于数码和平版印刷。

1　色轮。

2　加法混合色彩理论混合光的基本色红、蓝、绿。电子显示器用这三种色彩就能产生所有色彩。此理念不常用于时装设计中。

3　这三种色彩再加上黑，可产生全范围的可见色彩，应用于数码和平版印刷。

119

目标市场与时装日程表
灵感与潮流
时尚色彩
纺织品与廓型
外观与想法构造
聚焦设计——罗达特（RODARTE）

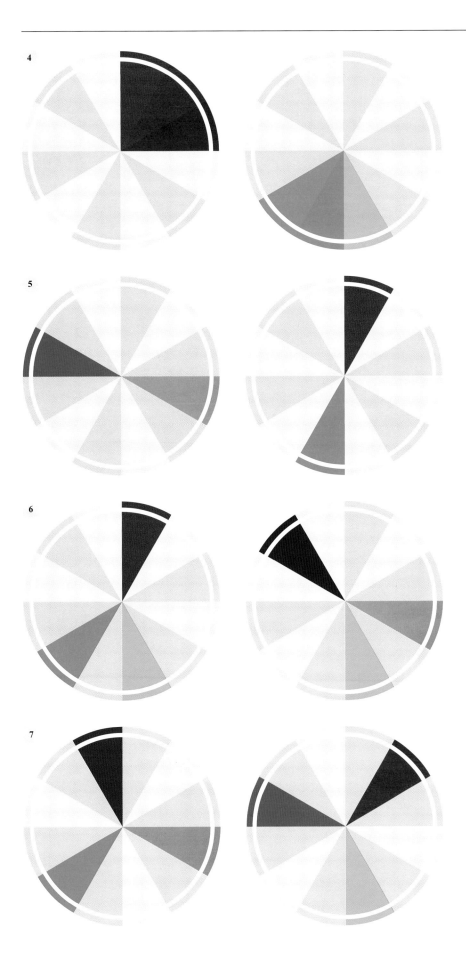

4 类似色适合搭配，可产生一致且和谐系列。使用一种色彩为主，一种色彩辅助，一种色彩为点缀。

5 互补色的使用一定要慎重。某些互补色彩的组合表现不和谐，但也有的互补色彩组合可能产生富有活力的效果。

6 分散的互补色是更好的解决方案，它们具有同样的戏剧效果，同时少了一点视觉上的紧张感。

7 三原色是色轮上三种相等位置的色彩。一种色彩为主，另两种色彩为点缀。

时装设计元素：环保面料采购

第一章　时装产业中纺织品的角色
第二章　材料
第三章　外观设计
第四章　产品系列概念化
第五章　采购织物
第六章　纺织品与产品系列
采购采访
附录

120

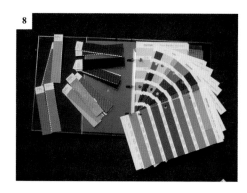

色彩与纺织品

　　一旦系列的灵感确定下来，设计师将在灵感、市场调查和趋势的基础上组织出一个色彩故事。色彩故事是一系列选择色彩的组合。这些选定的色彩是产品系列选择纺织品的基础。设计师会提供基础色彩理论，以保证产品系列服装的和谐性或计划的戏剧效果。若只选择一种色彩，设计师可能会将设计重点放在面料肌理或服装结构或廓型上。当根据色彩故事进行实际的面料选择时，其他纺织品设计元素将会更复杂。纺织品的肌理、印花和图案都令色彩故事更复杂。当带有不同元素的同一色彩纺织品被选作这一季服装的固定面料时，称为协调。通常工厂或纺织品设计师会提供一系列协调的织物，增加设计师的选择以提升销售。同样，设计师通过在季节产品线中使用协调的织物来提升销售，提高产品的利润。

　　在第三章讲到的不同的染料和印刷方式将色彩施于纺织品上。由于纤维的成分、构造方法、染料和印刷媒介不同，色彩施于织物上时会有轻微的改变。色名应是通用的而不是特定的。即使有标准色名，如黑，在不同的材料上也有不同的色调。这不仅发生在不同的公司，在某一特定的公司的产品中也会出现这类情况。设计师应仔细将选择的织物小样与其他纺织品进行对比与比较。如果不是在本地采购，在下订单之前还需要留出寄送色卡或织物小样的时间。当在本地采购时，可能的话应将织物放在不同的光源下观察，因为在不同的光源下有些织物的颜色会改变。当定制面料时，样品所用的面料、染料与印花方式应与大货完全相同。这些额外的工作会在将来避免一些色彩问题的出现。

8　潘通在色彩研究与趋势行业中处于世界领先地位。他们为不同行业使用的染料、涂料与油墨推出不同标准色彩指导。这使不同地区的精确的色彩沟通得以实现。利用这个系统，在纽约的设计师可以要求亚洲的工厂将织物染为潘通 19-4056 色号，并收到确切的流行色，奥海蓝色。

9　使用第三层级互补色蓝-绿色与红-橙色的时装设计。林德赛·琼斯（Lindsay Jone）China Bone 2011 春 / 夏秀。

10　同一廓型通过不同的色彩和印花组合扩展了产品系列。阿里安娜·埃勒米（Arianna Elmy）2011 毕业作品。

121

目标市场与时装日程表
灵感与潮流
时尚色彩
纺织品与廓型
外观与想法构造
聚焦设计——罗达特（RODARTE）

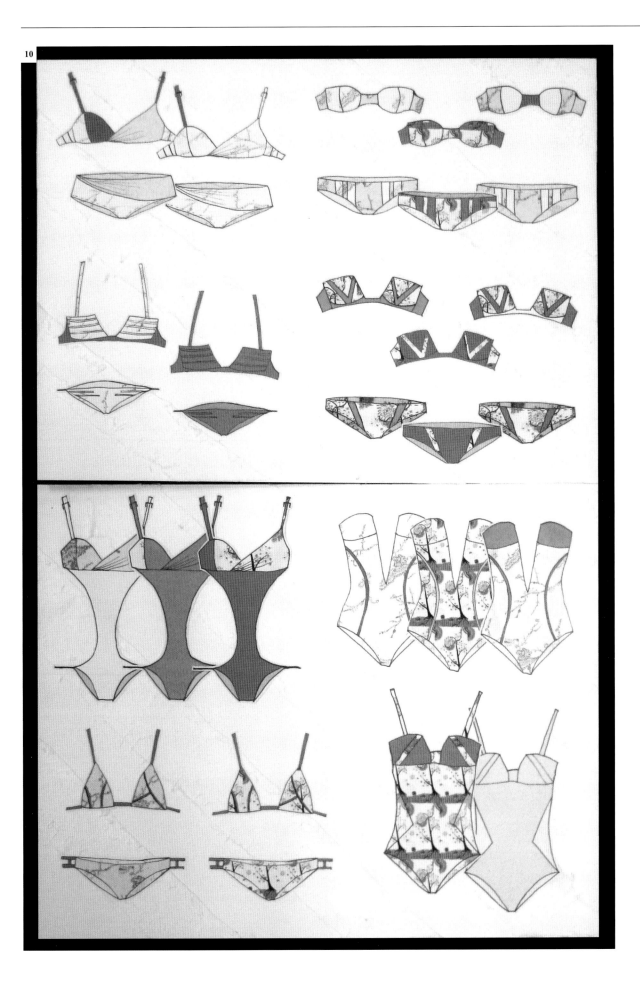

1

1　超宽的肩部，茧形裁剪，形成
了箱式廓型与椭圆廓型混合的效
果。吉尔·桑德 2012 秋季发布。

纺织品与廓型

一旦色彩选定，设计师开始为产品系列思考需要面料的种类。设计师从两种方式中选择一种来进行。一种是将设计概念绘画出来，构思并确定想法再去采购面料；另一种是直接去寻找并购买与灵感和色彩故事相符的面料，在最终的设计程序前确定印花与图案。无论设计师选择哪种方式，面料的选择是不可能脱离服装设计的。一名好的设计师必须有普通面料的属性与性能方面的知识。在绘画出设计或采购面料之前，他们对于想要的面料和系列的基本服装廓型有一些想法，这些想法应适合季节、灵感与市场。

时装廓型

服装穿在人体上，所形成的服装外部边缘的基本形状就是廓型。有六个基本廓型分类。椭圆廓型意味着柔软、宽松，上下收紧中间鼓的廓型。箱式廓型是结构硬挺的服装廓型。长方形廓型是基本廓型，上衣或裤子靠近人体，并不贴身。倒三角形廓型利用结构性的元素强调，如肩垫，在腰或臀处收紧。在下身的表现，倒三角形廓型表现为有打褶的臀部与收紧的踝部的萝卜裤。三角形廓型为上面窄的任何廓型，结构性的 A 型裙和全长裙均为此类。沙漏型就像女性身体的曲线，在腰部收紧，肩和臀放宽。一般设计如盖袖、紧身胸衣和腰部装饰均可强调沙漏型廓型。

123

目标市场与时装日程表
灵感与潮流
时尚色彩
纺织品与廓型
外观与想法构造
聚焦设计——罗达特（RODARTE）

2 夸张比例的三角形廓型。岛田顺子（Junko Shimada）2012 秋／冬秀。

除了六个基本廓型之外，在现代时装业中很多款式和设计派别也被作为时装廓型。潮流预测者和时装传媒常将这些作为廓型参考。女装的一个回归服装廓型趋势就是男装化。这种廓型是类似调整的男装的服装外型。还有自然的波希米亚廓型和有褶饰的廓型。这些可能是六个基本廓型之一的时髦说法，也可能加入了讨论中的设计原理。加强廓型的设计原理有节奏、强调、渐变、重复、对比、平衡、统一和比例。前四个可用于外观设计元素，如印花、图案、面料处理或修剪。后四个可用于面料选择、裁剪与构造。

纺织品到廓型

对每一个廓型和款式而言，都会有纺织品加强或削弱廓型。这就是要对常见服装用纺织品及内在属性要有很深的了解或能够使用一定数量的想要的纺织品的原因。事实上，无论纺织品基础知识的程度高或低，对于设计人员来说最好是有纺织品的样品。纺织品的选择是设计过程中可触摸的一部分。无论是设计选定的面料，还是为已经设计好的廓型选择适合的面料，纺织品的立裁或结构性如何、斜裁时织物的拉伸情况、当织物聚集在一起时织物的状态、压褶或蒸汽熨烫的情况，这些都需要通过人体与面料的互动才能判断出来。更重要的是，真实的色彩、纹理和手感无法通过书本或照片来表现。记住，大多数顾客会被色彩或纹理吸引到衣架前，通过触摸来感受面料的手感。只有经过这两个阶段，顾客才会看服装的廓型与裁剪。

3　受男装影响的服装廓型。高田贤三（Kenzo）2012秋／冬秀。

4　（对页）通过纺织品的正确使用、立裁和裁剪，椭圆廓型可以改为沙漏型廓型。Max.Tan2010秋／冬秀。

3

125

目标市场与时装日程表
灵感与潮流
时尚色彩
纺织品与廓型
外观与想法构造
聚焦设计——罗达特（RODARTE）

与时装有关的设计元素

以下七种元素适合于所有艺术和设计。如何将它们译为服装术语？

线条——人体形状，立裁面料的走向、时装插图。

色彩——色彩故事，季节性色彩，流行趋势色彩。

重点——通过修剪、对比、黑与白、中性的强调。

形状——基本的六种廓型，图案和印花。

形式——尺码、长度、结构、裁剪。

质地——情绪板，纺织品外观，纺织品结构方法，外观处理。

空间——灵感，时装市场，服装如何与周围的世界相互影响。

4

如果根据样品无法采购到面料，那么研究织物的种类和构造是个好方法。不了解的织物不要购买。中等重量的针织物或机织物适用于椭圆廓型。织物会在悬垂性与结构性中取得平衡。椭圆廓型可以使用网纱或硬挺的织物裁剪成蛋形。大多箱式廓型是裁剪厚重型机织物而得。然而通过使用一些结构性元素，用较轻的面料制作的上衣或裙子，穿着于身体上形成被动的箱式廓型。长方形廓型可以使用的织物种类最多。可以是硬挺的，如经典的牛仔裤，典型的有经典的细平布直筒宽松连衣裙，柔软且有韧性的丝制直筒晚礼服。三角形廓型大多使用中等重量或稍重的面料，利用裁剪技术令面料抗拒重力的作用，尽量扩展。强制的三角形廓型可以是在柔韧的针织物或机织物下放置硬挺的支撑物。倒三角形廓型是真正通过结构性的元素，如肩垫、衬或绳，形成的廓型。能够支撑自己的形状而不会太重以致破坏结构的硬挺的中等重量的织物是最好的。沙漏型廓型可以通过裁剪和结构技术制成。任何重量的机织物都可以使用。需要裁剪缝制的针织物适合更柔和的廓型，直接用于服装的针织物可制成更贴近人体的模式。

时装设计元素：环保面料采购

第一章　时装产业中纺织品的角色
第二章　材料
第三章　外观设计
第四章　产品系列概念化
第五章　采购织物
第六章　纺织品与产品系列
采购采访
附录

126

外观与想法构造

系列的构思形成以后，设计程序从抽象转变为具体，从宏观转变为微观。一旦设计的色彩和重点、线条、形状、形式、质地、空间确定，就可以在产品系列中使用设计原理。在时装业中，通过外观设计和结构细节来体现设计原理的使用。对于一个统一的产品系列来说，既有焦点的细节，也有很好地隐藏的细节是基本的。如果一个系列有太多的细节，则看起来不自然，设计过度。任何外观或结构的处理都要符合灵感来源，并能够在选定的织物的廓型上实现。在设计的其他阶段最好保持关注时尚潮流，这样设计细节的灵感令人感到新鲜，基本廓型看起来属于时尚前沿。外观和结构细节的成本增长很快，要时刻考虑到目标市场和零售价格，在细节带来的价值与制造增加的成本之间要找到平衡（成本方面的详细内容请见第六章，第 169 页）。

外观设计

在第三章外观设计中深度讨论了外观设计的方法，主要为在纺织品或服装的外观增加各种装饰性的设计元素。色彩能带来情绪的反馈，外观处理也被认为是能引起情绪波动的。外观设计包括质地、图像和文字，因此可能对时间、地点、人或物会有强烈的指向性。网眼刺绣太阳裙的质地会让我们怀旧，想起童年夏日时光。有古怪图案的宽下摆女裙意味着美国美好的 20 世纪 40~50 年代。T 恤上醒目的图案或文字表达了政治或社会观点。应做调查研究以确定选择的外观设计是否适合想要的设计观点。

1 印花和质地的灵感可以来自任何地方。安妮·莱昂斯基（Anna Lysonski）学生作品 2011 作品。

1

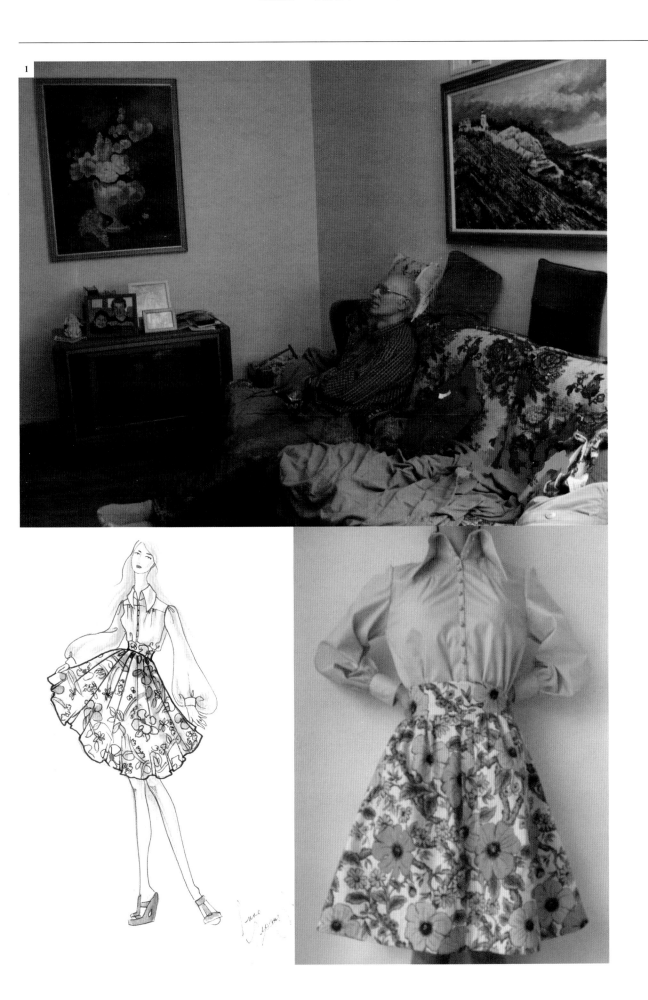

时装设计元素：环保面料采购

128

2

外观设计有自己的潮流轨迹。一季流行扎染，下一季流行绞染。或者可能装饰性染色不再流行，人们都想要格纹图案。所设计的产品系列是否追随外观潮流或市场潮流，通常巧妙地处理给出了聪明的答案。通过控制传统的方法，能够以令人惊奇的方式改变外观设计和设计观点。整洁的针织衫上装饰混乱的拼花针织，产生讽刺的效果；用数码在雪纺上印上粗绳的针织肌理，感觉是夏天时令的面料应用于冬天。一件时装促使设计师将扎染的流行看作是一个探索纺织品结构技术的机会，令织物的纹理发生渐变，而当季其他的设计师采用色彩的渐变。记住选择的方法，隐藏的信息就会出现。如果格子图案流行，那么格子会以织物结构（质地）、印花（流行）、贴花（童装）或在表面钉珠和刺绣（时尚前沿）的形式出现。印花基本图案可以遍布全身（保守）或将一个基本元素战略性地布局以达到戏剧效果（前卫）。

设计的四个原理节奏、强调、渐变和重复通过外观设计方法来体现。节奏是图案或结构的重复。强调是设计中使用一个元素或元素的组合令其成为焦点。装饰、定位印花和刺绣都常用于服装的重点位置。渐变是元素的一系列逐渐的变化。如色彩的渐变，不同规格的闪光装饰片产生的纹理的变化。这些渐变可以只在一件服装上体现，也可以是出现T台上的一系列服装逐渐明显的渐变效果。重复是一个元素多次出现，产生一致性和和谐性。在一件服装中，可以是外观处理，如褶，在一个系列中，这可能是几件服装都使用的同样的打褶方法。

2　如果廓型平衡，不合适的外观设计可以是古怪的和精致的。在秀场上的流苏、珠片、印花、编织、定位或遍布的图案。让·查尔斯·德·卡斯泰尔巴雅克（Jean-Charles de Castelbajac）2011秋季秀。

129

目标市场与时装日程表
灵感与潮流
时尚色彩
纺织品与廓型
外观与想法构造
聚焦设计——罗达特（RODARTE）

3 纺织品的选择可以提升隐含
的价值，但特别的构造也会增加
成本。Vena Cava2011 秋季秀。

结构

　　一些外观处理方法也是结构的技术，但是所有的外观设计都会影响结构。当选择为产品系列增加外观元素，要了解在技术上是否可实现，考虑范围包括选择的面料、制作的廓型等。细褶在厚重的双层针织织物上很难实现。如果设计理念为宽松的长方形廓型，选择热固型绞染就比捆绑式绞染更为适合，因为捆绑式绞染可能会使织物变硬。重工的钉珠或刺绣可能会使纤弱的面料变形，宽松的廓型下垂。在已经制作好的服装上增加装饰最好是用立体的外观技术，避免扩大体积和增加为固定装饰挪移缝份的成本。用印花织物制作的服装需要注意保养。有图案的面料要铺平，以确保明显的图案元素，如条纹，在缝接处吻合。

　　影响结构的四个设计原则是对比、平衡、比例和统一。对比是采用两种相反的元素产生矛盾或强调。在时装业中，在一件服装或一系列中采用面料或定位可产生对比。柔软的丝制上衣体现温柔的女性特质，与男性气质的粗花呢长裤形成对比。平衡是安排各设计元素，使一部分设计元素不会难看地压制其他元素。平衡可以是对称的，不对称的，也可以是辐射状的。不对称的一片袖的晚礼服，肩部往下的褶皱呈辐射状。比例评估组合中元素的大小和数量。人体有自己的比例。设计师可以利用构造方法通过服装的比例强调或遮盖人体的某些特定部分。统一是某件服装或系列的所有元素形成的整体效果。一般来说，设计师努力设计出协调且受人喜欢（适于销售）的产品系列。然而也有一部分设计师利用设计原则和元素设计出令人震惊不安的、表达观点的产品系列。当生产 T 台表演服装时，时装工作室设计一两款表达设计理念或系列统一性的 T 台款式，但是太反常或太贵的不会投入生产。

罗达特（Rodarte）是凯特·穆里维（Kate Mulleavy）和劳拉·穆里维（Laura Mulleavy）创立的设计师高级成衣品牌。品牌因其精美的外观处理和构造而闻名。外观处理包括手工染色的长外衣、硬壳装饰纽扣的配件、花纹皮革贴片。不同寻常的构造方法包括用链条和皮革手工编织的毛衣。它们是只为美国女性设计的，并且得到了有声望的瑞士纺织奖（Swiss Textile Award）。

问题讨论

1

穆里维姐妹从不知名到几乎一夜之间登上了 *WWD* 杂志封面。你认为她们的纺织品设计为她们的快速成功发挥了作用吗？

2

虽然多数人对她们的产品系列赞誉有加，也有批评家指出她们是"不关注廓型，只关注面料的设计师"，你认为是这样吗？

3

凯特和劳拉为每个系列的特别纺织品效果都进行手工制作。你认为她们能在大量的市场合作中成功达到目标吗？

褶皱的黄绿色皮革。
Rodarte2013 春/夏秀。

第五章

采购织物

将令人赞叹的时装交予顾客的最重要的方面之一就是基本材料的采购。一旦设计师对于设计系列所用的面料有了想法，他们也应该了解如何寻找合适的面料，去哪里购买。时装面料有很多来源。寻找合适的供应商要看自己公司的规模、产品所在的市场等级和要寻找面料的种类。设计师可以每一季都更换面料供应来源，也可以一直和一个面料供应商合作。大多数可能会随贸易增长情况采用新的面料来源和信赖的面料来源。

当为已经成熟的品牌设计时，设计师可能会得到一个可信赖纺织品商的清单，从他们生产的产品中可以找到特别的纺织品属性和特征，在选择纺织品时对价格也不那么敏感。一个新兴品牌的设计师需要做预算，仔细选择，花费大量的时间确定面料。每种方式都应该做成本预算，确保选择的面料不会超出生产成本，这会影响批发和最终的零售价格。如果找到了非常好但是昂贵的面料，设计师应简化结构细节以减少成本或减少第二层织物的预算，因为真正美妙的面料是可以支持一个产品系列的。

价格被遗忘很久之后，质量仍会被记住。

Gucci 的口号

纺织品来源

　　所有的设计师每一季都应该留出足够的时间研究纺织品市场，寻找适合自己的灵感、趋势和预算的面料。对于刚开始探索供应方式、收集样品、色卡和价格清单的设计师来说，这一点尤其重要。经过几季，纺织品的风格特征形成，设计师品牌应将所有试过和没试过的适合品牌审美的材料来源存档，在下一季到来时可以节省时间和精力。并非所有的供应商都能为所有设计师提供服务。

一手货源

　　时装面料的一手货源是工厂、代理商和进口商。工厂拥有机器可以制造纺织品。它们一般只生产机织物或者只生产针织物。也有一些工厂生产特种织物和花边等。生产皮革、绒面革或毛皮的工厂为制革厂或毛皮厂。垂直一体化工厂生产纤维、纱线、织物。

　　未完成的纺织品主要销售给代理商。代理商买进大批量的坯布，再将坯布染色、印花或进行其他整理。当工厂生产纺织品时，代理商通常会通知工厂所需要的织物构造类别。现在代理商数量减少了，因为很多大型工厂都已经是垂直一体化工厂了。

　　进口商是在其他国家的工厂和代理商。他们的操作方式与国内的工厂和代理商相同。然而，与外国的工厂和代理商合作需要花费更多的时间和精力。需要在下单前要样品，研究出口国的关税和贸易法规，在生产计划表上留有一定的余地以防纺织品滞留在海关，耽误了时间。要注意，不是所有的国家都有纺织品标准法，这种情况下几码的纺织品样品不能确保所有的大批量纺织品也是同样的质量。当从这些国家进口纺织品时，要与信赖的进口商或海外代理合作。其他国家制造的纺织品可以通过所在国家的直接进口商或供应商处购买，他们从不同国家进口批量的纺织品。直接进口商更像独立批发商，而不是一手货源，对于新设计师来说这是一个好的进口产品的方式。

135

纺织品来源
纺织品展与网络采购
纺织品特点
定制纺织品的产生
策略
聚焦设计——普罗恩萨·施罗（PROENZA SCHOULER）

1 成本更低的生产转移到亚洲，美国和欧洲的工厂纷纷关闭。约洛毛工厂是加利福尼亚伍德兰地区最后一家工厂。

对于成熟的时装品牌来说，纺织品的一手货源是最好的选择。这类供应商通常接受起订数很高的订单，小型设计师品牌无法达到数量的要求。供应商以卷为单位销售纺织品。一卷标准的机织物，一般幅宽为1.22米或1.52米（48英寸或60英寸），长度为54.86~91.44米（60~100码），用一个硬纸管做芯将织物卷起来。随着织机的进步，现在可以生产2.54米（100英寸）宽、914.4米（1000码）长的织物了。出售的针织物一般为平幅或管状的，每卷16~23千克（35~50磅）。除非它超出库存量或者是现货、准现货（几乎可以销售但还在生产线上的货品），否则不会接受数量小的销售订单。有时，单价较贵的纺织品可以接受小批量定制。为了生存下去，一些小型工厂和代理商为新兴设计师提供更低的初始最低订量，以期长期的合作。

一手货源不仅销售纺织品，也制造纺织品。因此，期望他们能在签订合同日期前准备好订货的货品。通过制造订单的货品，公司能够减少可预见的要付出代价的错误和过多的面料库存。对于设计师来说，在下一季来临前做出明确的决定，有利于获得目标顾客的信息、确定的色彩和潮流预测。经过深思熟虑的预算和可靠的经济来源是必要的。与第二层级来源保持联系在后期是很有用的，他们可能会购买剩余的库存面料。

时装设计元素：环保面料采购

第一章　时装产业中纺织品的角色
第二章　材料
第三章　外观设计
第四章　产品系列概念化
第五章　采购织物
第六章　纺织品与产品系列
采购采访
附录

136

环境认证

如果品牌理念包括对环境或人道主义的关注，要记得申请纸质证明文件。了解使用哪种纤维和纤维如何生产很重要。要了解制造商处理废料的程序和工人所受的待遇如何。相关更多知识请见第一章。

第二层级来源

纺织品的第二层级来源有四种：独立批发商、零售商店、代理商和网络。这里主要说明前三种来源，在后面的章节将对网络这一来源做深入的探讨。对于小型设计公司来说，独立批发商是最可能的纺织品来源。独立批发商从工厂、代理商、进口商和设计师处购买面料。一个独立批发商手上应总是有可轮流选择的面料。独立批发商不负责生产面料，可以同时操作多种纺织品，尽管很多独立批发商只关注一个细分市场所需要的面料。一些独立批发商只操作当前有的面料，买入一定数量他们认为有需求的面料，再将这些面料销售给几个需要少量面料的客户。咨询谁购买了面料是个好主意，而与直接竞争者或附近的设计师购买同样印花或纹理的面料则不那么明智。一旦你与独立批发商建立了持续的联系，可能就可以要求在那一季不要将某一种面料销售给其他买家，即使你不能够将这种面料全部买下。这是可能的，因为有其他超出限度的专供的独立批发商、无法持续下去的工厂和代理的款式和设计师支持。当与独立批发商合作时，需要仔细一些，尤其是当你选择的面料数量有限时。当与第二层级的独立批发商合作时要特别小心，确保有足够的面料制作预估销量的服装。要知道面料是否是设计师支持的面料。一，不要使用知名设计师之前的产品系列所用的面料；二，如果面料设计是有版权的，应该在使用前取得使用相关权利。

零售商店通常是家庭或爱好设计者的面料来源。零售商店有很多种面料可供选择，但库存数量有限。很多零售商店每种面料进货30码或更少。这些面料以幅宽对折，再用一个宽且平的硬纸板将面料卷起来出售。在一些大城市，如纽约服装区，柜台交易方式的面料零售商是有大量可选择的面料且独立的批发商。设计师从这类批发商手中购买面料是很好的选择。小于40码的面料、10码或更短的布头，从独立批发商或柜台零售商那里购买价格会很合算。当为系列采购重点或有限的面料或为顾客或配饰设计师寻找感觉时可以购买这种长度的面料。

137

纺织品来源
纺织品展与网络采购
纺织品特点
定制纺织品的产生
策略
聚焦设计——普罗恩萨·施罗（PROENZA SCHOULER）

2 对于年轻设计师来说，从折扣店购买布头是节省成本的好方法。

代理商是纺织业的中间人。他们自己并不购买或囤积面料，而是帮助设计师联系适合的纺织品来源。他们与很多货源有长久的联系，代表设计师与供应商们协商。海外代理是在国外居住或者经常在国外旅行的代理商。如果设计师从未在海外采购过、不能亲自去国外或预算紧张不能承受需要小心才能避免的错误发生，建议找一家代理。海外代理了解进出口法律，与很多工厂与转运商有联系，可以与当地海关商议，可以翻译商务协议。

时装设计元素：环保面料采购

第一章　时装产业中纺织品的角色
第二章　材料
第三章　外观设计
第四章　产品系列概念化
第五章　采购织物
第六章　纺织品与产品系列
采购采访
附录

138

参加贸易展会

　　需要带的物品：放收集的资料用的手提包，提前收集的纺织品色样，灵感板的照片或打印件，设计专业的名片，用塑料套管装订好的样品，笔记本，钢笔，小型订书机，身份证，照相机（总是用之前才要）。

　　需要做的事情：早点到达，培训登记，回顾网络供应商并确定约见，购买展会名录，记录纺织品分类，供应商资源和最低订量，收集生产线和价格清单，将供应商名片订到样品上，记录趋势，要礼貌、专业且有条理。

纺织品展与网络采购

　　有两种简单的方法来寻找和联系一级代理商和二级代理商。传统的方法是参加贸易展会，近期发展到通过网络寻找代理商。两种方法都能让你快速找到想要的纺织品。在这一章节会说明两种方法的优点。

　　现在很容易找到生产和整理纺织品及制造服装的生产者。很多垂直一体化的生产都在海外。与海外的供应商合作是有挑战性的，也有其优势。贸易展与网络对于各层级的设计师来说都是寻找海外生产者合作很棒的方式。

贸易展

　　贸易展是供应商租展位展示产品的会议。在时装业中，有纺织品展、制造展与批发贸易展。在这一章节主要关注前两种展。由于生产的垂直一体化，现在纺织品商和制造供应商常常可以在同一个展上找到。

　　最有影响的贸易展是第一视觉面料展（PV，Premiere Vision）。一直以来都是每年的2月或3月、9月在巴黎举办。纽约、日本、上海、北京、墨西哥和圣保罗都办过一些第一视觉面料展的活动（组织者：Premiere Vision）。在巴黎的Premiere Vision Pluriel有六次展会：Premiere Vision（面料）、Expofil（纱线和纤维）、Indigo（纺织品设计）、ModAmont（纺织品辅料）、Le Cuir A Paris（皮革）、Zoom by Fatex（时装生产）。纽约主办每年1月和7月 PV 与 Indigo 的预演。PV 最新增加的是 Denim，重点关注牛仔布和牛仔服市场，每年6月和12月在巴黎举办。除了这些最著名的展会，很多小型的、有针对性市场的展会在全球各地涌现出来。其中一些展会可能需要高昂的参展费用或者只接受被邀请方参展；在出发前需要核准展会信息。

　　除了寻找纺织品供应商，展会也是了解纺织品发展、工业趋势和获得设计灵感的好地方。展会提供由时装或流行趋势专家培训班时间表，帮助设计师选择面料。这些培训可能对参展人员是免费的，但是需要提前预订。除了培训班，展会通常在中心位置还有大型趋势展示。

139

纺织品来源
纺织品展与网络采购
纺织品特点
定制纺织品的产生
策略
聚焦设计——普罗恩萨·施罗（PROENZA SCHOULER）

新设计师应该早点参加展会，参观展会后记录下有兴趣的展位。这让设计师了解展会有哪些供应商、接收趋势信息并列出当季采购计划。作为学生或新兴设计师，可能无法进入主要展览商的展位。很多主要展览商的展位不接受普通参观者，只面对能够下大量订单的知名的设计师或企业。由于纺织品和印花的增量减少了，一些展商不愿意在没有订单的情况下展示产品。虽然你可能无法接近一些东西，但是与供应商面对面交流或接触察看他们的产品是可以的。

网络采购

网络给各层级的设计师提供了非本地的、海外的制造商和纺织品采购商资源。作为资源，网络主要是免费的，你需要的就是网络链接和时间。不同于贸易展会，没有参会费用、出行费用，也不需要请假。可以随时随地进行网络采购。

最好从高速的搜索引擎开始，如 Google 或 Bing。你要找的纺织品种类可以通过词语"织物""纺织品""批发"或"制造商"来搜索。可通过网络链接和图片来浏览并采购。你花费一定时间就可以在工作室就找到合适的织物，并且能对比不同店铺的价格。纺织品、服装的社团和学校的网站可提供供应商的链接。专业网站有 *Alibaba.com* 和 *GlobalSources.com*，可以提供工厂和转运商的信息。关于纺织品和服装的博客能提供很好的信息。要找到当地资源，可以输入自己所在位置和这样的词语如"代理商""工厂""转运商"等。

对于新兴设计师来说，网络能节约很多工时。可以起草思考好的联络信件，索要样品和小样，咨询纺织品起订最小数量、运输时间和成本等。这种信件可以复制发送给不同的供应商。确定针对某些特定的公司的信件需要经过删减。务必在肯定答复的情况下，要求他们提供最新的样品册和价格单。设计师经常可能接触到一些愿意接受适度的小数量订单的小型供应商，他们常常无力承担参加大型展会的费用。当联系建立起来并且对双方都有利时，要注意留有后备计划，以防计划有变。

1　巴黎 PV 的 Denim 展会展位。

2　网络给各层级的设计师提供了国际纺织品采购来源。一些网站，如关注环保的 *Source4Style.com* 帮助设计师使用资源。

时装设计元素：环保面料采购

第一章　时装产业中纺织品的角色
第二章　材料
第三章　外观设计
第四章　产品系列概念化
第五章　采购织物
第六章　纺织品与产品系列
采购采访
附录

140

纺织品特点

纺织品的特点影响面料与人体的互动关系及到顾客手中的最终形态。特点分为两类：功能性特点和美学特点。为了采购到适合的纺织品，设计师必须能聪明地说出他们想要的面料种类。这要求他们了解面料特点的知识。通过交易商、代理人或网络以工业术语来清楚传达设计师的想法，设计师能够在采购方面轻松一些。在询价交易或者展会等面对面进行的采购时，这种术语能够突出专业的表现。

功能性特点

纺织品的功能性特点影响织物表现和特别构造。纤维成分和纺织品构造方法通常会影响最终纺织品的表现。在选择纺织品时，应确保每种的成分等同于你要找的最终结果。例如，天然纤维透气性好，但是抗皱性不如合成纤维，机织物保形性好，易于裁剪，而针织物适合于立体裁剪。

纺织品的持久性很重要。没有几种服装破了以后还可以穿，消费者希望服装穿了相当一段时间后还能像新的一样。当谈到持久性，设计师应该关心抗磨损性、起球、色牢度和织物保持性。悬垂性是织物因自重而下垂的性能。比较细的纱线经过机织或针织方式形成的织物，会柔软而优雅地悬垂下来；粗一些的纱线、紧密的结构形成的织物，当悬垂时有皱痕、折痕，保持一定的结构。在服装设计中，面料的结构是固有的，是受纺织品的纤维和结构影响的。结构与悬垂相反，是织物抵抗重力的能力。在服装结构中，缝份、省、衬和支撑物都可以改善纺织品的结构特点。在确定服装的整理方式和可能的产品系列配饰时，面料的遮盖性或不透明性是很重要的因素。确定面料的遮盖性的最佳方式是将面料放在相反深浅的面料上，如黑色不透明的织物放在白色织物上，可显示出覆盖织物的组织方式和透明程度。当使用薄纱类织物制作服装时，内里的缝份都应处理干净。如果用薄纱类织物制作裙或袍，对于端庄型女性来说就要在薄纱类织物内加里布。悬垂性、结构性和遮盖性都是织物重量或厚度的第二层级功能。

最后，可以通过使用合成纤维或后整理的方式来为织物增加特别表现特点。一般增加的特点包括抗皱、防水或防火、防 UV、温度调节。

1　（对页）紧身胸衣上使用的皮革和裙上使用的网纱都有自己独特的结构，普丽姆罗丝·雷恩斯（Primrose Rayneese）。

141

纺织品来源
纺织品展与网络采购
纺织品特点
定制纺织品的产生
策略
聚焦设计——普罗恩萨·施罗（PROENZA SCHOULER）

1

美学特点

纺织品的美学特点就是影响纺织品外观的特点。一些美学特点，如分割缝处图案应在构思服装时就考虑到。纤维到纱线的制造过程最终会影响服装用纺织品的质地。精梳纱的生产方法能生产出光滑的、经过整理的纱线来制作纺织品。粗梳纱更粗糙一些，有一些绒毛。根据针织还是机织的构造方法不同，这些因素会被加强或限制。精梳纱可能不能达到某些复杂时装的要求，根据潮流的趋势，设计师可能会使用外观更粗糙的粗梳纱织物。

2　与服装构造的缝份相适合，使用下图这种面料，就是一种美学的考虑。

143

纺织品来源
纺织品展与网络采购
纺织品特点
定制纺织品的产生
策略
聚焦设计——普罗恩萨·施罗（PROENZA SCHOULER）

如前所述，色彩可能是影响服装选择的第一因素。在与纺织品经销商讨论色彩时，有三个要素需要关注：潮流（经销商有季节性的色彩样板吗）、色牢度（染料和颜料耐洗涤、耐光照吗）、渗透性（染料和颜料染色的面料正反面是一样颜色的吗）。如果你设计的是需要经常磨损和洗涤的服装，如衬衫和休闲裤，经过全面的染色渗透可避免穿旧和退色的情况。纱线的选择和构造方法直接决定了最终服装纺织品的肌理。这些在设计构思阶段就应该考虑，因为它们影响纺织品的美学特点和功能性。肌理不仅仅是可视的美感表现，还是可触摸的，影响面料的手感和视感。结构复杂的纺织品更可能具有温暖感；直接接触皮肤感觉不太好，需要加衬里。通常有趣的结构会配以简单的设计，因为结构太复杂不适宜增加更多设计细节。印花和图案有美学的特点，能为产品系列增加艺术性和戏剧性。有精确图案的纺织品能促进产品的销售，但是不恰当的选择可能会毁掉美好的设计。

时装设计元素：环保面料采购

第一章　时装产业中纺织品的角色
第二章　材料
第三章　外观设计
第四章　产品系列概念化
第五章　采购织物
第六章　纺织品与产品系列
采购采访
附录

144

在时装业中你需要做的新的工作就是使用技术。技术能让你实现过去不能做到的事情。

侯赛因·卡拉扬
（Hussein Chalayan）

定制纺织品的产生

定制纺织品是设计产品系列的重要部分。设计师可能自己设计，或请别人设计，或购买某种面料的版权，与有创新或原始的纺织品等组成一个产品系列。设计师可能很早开始采购，将定制面料用于季节性产品系列中。如果定制面料是由工厂或转运商提供，那么不仅基布，还有表面设计也需要购买。如果设计师计划按自己的想法定制纺织品，这就需要更多的时间来试验和生产。

定制和计算机

在时装业中，计算机已经成为与传统艺术、设计和缝制工具一样重要的设计工具。设计师不仅可以用计算机通过网络寻找采购商，还可以接触更广阔的灵感和信息世界。像 *Style.com* 和 *Catwalking.com* 网站主要拍摄和展示所有重要的设计师时装秀，让新兴设计师无条件地了解世界顶级服装工业发生了什么。流行趋势网站帮助设计师精简看到的内容。一旦设计团队对肌理的类型、色彩和表面设计有了想法，下一步他们会利用计算机来了解如何和去哪儿定制纺织品。如果设计师决定自己设计定制纺织品，他们可能使用在线工具 PDF、博客和指导视频，这些能帮助设计师自学。

除了通过在线资源帮助设计师构思定制纺织品，计算机本身也是很强大的工具。设计师可以通过使用计算机程序展示纺织品的虚拟效果，将这些信息发送给生产工厂或制造商，制造出真正的产品。市场上有很多功能非常强大、能够制作特别效果并且价格昂贵的程序出售。然而，利用创造力，设计师能使用参考图片组合、写字工具和基本图像软件来制作基本纺织品设计、重复图案、染色流创意和色彩组合。他们能利用计算机向合适的供应商传送这些技术包，将定制纺织品投入生产。

145

纺织品来源
纺织品展与网络采购
纺织品特点
定制纺织品的产生
策略
聚焦设计——普罗恩萨·施罗（PROENZA SCHOULER）

1

1 通过肌理产生新的纺织品：游牧的仙境，解构连衣裙。毛毡、可回收毛毡。激光切割和手工技能的混合使用。许银淑（Eunsuk Hur）2009 年。

2

2 数码印刷的"填色连衣裙"。设计和构思：柏柏·索皮波尔（Berber Soepboer）；纺织品设计/图像设计：米希尔·舒尔曼（Michiel Schuurman）。

时装设计元素：环保面料采购

146

传统定制方法

　　有无数的方法将定制面料用于产品系列中。其中，最普通的方法是购买纺织品，再在上面增加表面设计元素。表面设计方法的更多内容请见第三章。如果设计师或设计团队太忙，无法在设计产品系列的同时设计纺织品，那么仍然有很多方法可以得到定制纺织品。根据设计师企业的规模、声望和经济实力，工厂或转运商也许愿意从他们当前的销售品中选择一种纺织品在当季只销售给设计师所在企业或在所在细分市场中仅一家企业。例如，设计师的设计团队可能用定制纺织品制作鸡尾酒会礼服，而工厂仍可能将这种定制纺织品销售给内衣制造商。

　　设计师可能会去参加 Printsource 和 premiere Vision's Indigo 这种关于印花和图案的展会。在那里可以从纺织品设计工作室或小型设计工作室购买定制印花图案。那里也有销售无版权问题的经典面料和纺织品的供应商。设计师能买到 20 世纪 30 年代的精美的枕套织物，能看到背心裙系列的刺绣细节。在时装产品系列中利用经典纺织品的另一个方式就是再利用。再利用在时装业中可持续发展的分支，设计师用已经制造或使用的纺织品来制作新的纺织品或服装。

　　合作是另一种花费不多又能产生令人惊叹的设计的方式，如知名设计师和大众市场零售商的合作，如 Missoni 和 Target。定制合作也可以采用同样的方式。设计品牌联合另一位艺术家设计定制织物、针织物、图案或图像，提供预先费用、一定比率的销售量或一定数量的最终产品。有时会根据设计品牌的产量和艺术家是否提升了合作的效果来讨论相关条款。

　　纺织品的定制和设计师使用纺织品的频率能导致设计品牌的纺织品的标志性。标志性的纺织品可以是同一图像或图案的持续性使用，如 Louis Vuitton 的首字母、重复的花图案和 Burberry 的格纹，Chanel 也因其机织面料色彩主要为黑白而闻名。

147

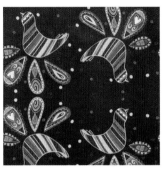

3 要设计定制纺织品的图案，设计师a）寻找灵感；b）创作图像；c）重复创作的图像，并以不同的色彩搭配呈现。卡洛琳·考夫曼（Caroline Kaufman）。

4 可持续性的时装线，索海姆·戴夫（Soham Dave），与当地印度艺术家合作，通过传统模板印花、染色和刺绣技术生产定制面料。

5 用古典男子领带改造的连衣裙。普瑞特艺术学院，汉娜·罗斯（Hannah Ross）毕业作品。

时装设计元素：环保面料采购

第一章　时装产业中纺织品的角色
第二章　材料
第三章　外观设计
第四章　产品系列概念化
第五章　采购织物
第六章　纺织品与产品系列
采购采访
附录

148

策略

幸运就是当准备遇到机会时发生的事情。

吕齐乌斯·安涅·塞涅卡
（Lucius Annaeus Seneca），
罗马哲学家

为产品系列购买纺织品是与时装商业有关的最大成本了。通过详细地计划，设计师了解纺织品的预算，根据预算来进行采购。有几种方法可以减少成本，但是新兴设计师在设计第一个产品系列时，需要关注即使是生产有限的服装也要控制成本。惊人的设计、出色的纺织品、吸引眼球的时装秀，这些只是成功运转时装商业的一部分。理解现金流，在设计周期何时需要现金流，应到哪里得到现金流，这是保持时装商业活力的基本条件。设计师在时装商业开始前准备越充分，就有越多的时间投入时装的生产。

商业计划

所有的商业利润都来源于特定品牌的计划、目标市场、制造和预算。调研、安排和记录这些计划的结果就是商业计划。好的商业计划能帮助提升并使时装品牌设计理论具体化。当某一时刻进行某一阶段时，计划并做好商业计划能使实行比想象的更快速。有很多关于商业计划的书籍、网站和论文。美国的小企业主利益保护局和英国的企业联盟是免费的资源，在那里设计师可以参加培训并与成熟的工业专业人士讨论。

所有商业计划都有同样的基本框架，用具体独立品牌的相关信息来充实。商业计划的第一部分应该是执行大纲。执行大纲向读者介绍品牌，概要讲述计划的主要部分。所以，最好所有的研究已经完成并安排好，再撰写执行大纲。在执行大纲后面是品牌。品牌部分包括一些细节，有任务陈述、设计理念、产品分类、市场细分和市场层级。这部分也表现商业的结构（如是团体还是合作公司），商业或服装的主要经验和计划开始。

149

纺织品来源
纺织品展与网络采购
纺织品特点
定制纺织品的产生
策略
聚焦设计——普罗恩萨·施罗（PROENZA SCHOULER）

接下来是目标市场和市场分析。这两部分可以合在一起，也可以分开。这部分内容将对设计针对对象进行深入分析，包括性别、年龄、收入／受教育程度、地点和兴趣。也会进一步市场细分并预测服装款式。然后，从政府或商业网站收集信息，计划分析指定市场的经济形势、谁是品牌的直接竞争者和品牌能提供什么独一无二的产品。最后，应该是市场计划，指出品牌如何能接触到预期的市场。应详细说明季节性产品系列的数量、时装秀或市场任务，联系和吸引新闻界（出版物、博客）、标签、标志、广告、定价、销售点（网络和实体、批发或零售）。

商业计划的第二部分是商业的运转部分。开始是运作部分，是每天的细节运作程序。这部分应尽量细化，提前计划好时装生产需要考虑的所有方面。包括工作室的位置、工作时间、设备（已经拥有的和需要的）、材料、生产程序、招聘职位、库存控制和销售。应为每一步操作都保持成本观察，尽可能地精确并经常总结。接下来是实施和管理部分，关于由谁来管理商务和如何管理。规划出年度计划并确定完成时间、列出进行的功能、需要的设备、可利用的预算和每一部分成员应操作的内容。商务计划的最后一个部分——财务，是最重要的。许多新兴企业和企业家在面对前瞻性思考时被财务方面的数字压垮了。建议请有资格证的会计师或商务顾问来评审财务计划。很多小型商务企业虽然盈利却也破产了，因为他们不懂得现金流的策略。现金流等式应在整个运作年度都实行。第一个月必须包括启动需要的成本。所有月份都应有开始的现金数量、每条生产线的服装数量、每件的价格、月度销量、制造和管理费用、销售所得利润、销量增长、未付款的销售量、产品系列表和存货平衡。一个计划应列出三到五年的损益表，从每年增长的销售中得到的销售利润减去所有的费用。一个公司一般到第二年才有利润，如果到第三年利润还很微薄，就应该重新考虑公司商业模式的生存能力。

时装设计元素：环保面料采购

第一章　时装产业中纺织品的角色
第二章　材料
第三章　外观设计
第四章　产品系列概念化
第五章　采购织物
第六章　纺织品与产品系列
采购采访
附录

150

资金来源

公司的商业计划和财务规划完成以后，很多新兴设计师意识到他们无法独立撑过第一年。是时候考虑资金来源的问题了。资金来源主要有两种，合作或借贷。还有一种来源可能是意外之财，如个人的礼物、基金或奖金。然而没有免费的午餐，这些钱有附带条件，严格的程序要求和 / 或花费的准备时间 VS 得到奖金的可能性。

商务资金注入合作模式有利于新入行设计师，无论是财务管理还是资金控制。此时一定要了解合作对象的商业背景及个人信用。要知道，很多人对服装行业有兴趣，但并不具备创造力的眼光，所以应列出每位合作者的创造力与商务控制能力。天使投资者是新形式的投资者，他们对服装行业有兴趣，愿意投资以期看到有创造力的商业形式。这可能是慈善行为，也可能投资者有其他的动机。另外，所有合作协议条款都落在纸面上并请律师过目。

借贷是很多小型企业获得启动资金的传统方式。寻找资金来源可先从亲戚朋友处借贷。这种方式优点是还款时间灵活，利息很低甚至没有。小型企业向银行借贷要按照分期偿付表来还款。对于没有财务往来的新公司来说，获得银行贷款很难。有些筹备费用可使用个人资金信贷。有两种方式，一种是 30 日内付款（Net 30），即企业不必提前付清材料的费用，一般可以 30 日内付款，最多可以为 120 日；另一种为信用卡，这种方式最好能诚实地管理自己所拥有的资金和要付的账单，否则可能会使情况越来越糟。最后，一旦产品线开始运转，公司通常会出现销售点借贷。公司接到了季节性订单，就成为出借人，将资金用于生产订单。这时可以找代理商。代理商是传统的财务中间人，可以接收、购买订单和过去的业务，提供现金流作为费用。

第一章　时装产业中纺织品的角色
第二章　材料
第三章　外观设计
第四章　产品系列概念化
第五章　采购织物
第六章　纺织品与产品系列
采购采访
附录

151

纺织品来源
纺织品展与网络采购
纺织品特点
定制纺织品的产生
策略
聚焦设计——普罗恩萨·施罗（PROENZA SCHOULER）

1

1 Chanel，经典服装品牌，塑造了很多商务合作伙伴，如 1924 年合作的商人皮埃尔·维特海默（Pierre Wertheimer）和 1953 年合作的罗伯特·古森斯（Robert Goossens）。

普罗恩萨·施罗（Proenza Schouler）是由设计二人组杰克·麦科洛（Jack McCollough）和拉萨罗·赫南德斯（Lazaro Hernandez）创立的女装和配饰品牌。此品牌在 2002 年成立，因其年轻且有创造力的面料而闻名。每一季 Proenza Schouler 都尝试印花、图案和纺织品混合的不同方式，其经典剪裁和廓型在每一产品系列都有体现。

问题讨论

1

普罗恩萨·施罗（Proenza Schouler）请亚勒汉德罗·卡德纳斯（Alejandro Cardenas），一位优秀的艺术家，作为品牌的艺术顾问和纺织品设计师。你认为优秀的艺术技能（绘图、涂色、雕塑）在成功的时装生产线中扮演的角色重要吗？

2

2008 年，内部纺织品工作室 Knoll 股份有限公司由杰克和拉萨罗为 Knoll 奢侈品产品线设计面料。这条产品线生产的面料直接用于 Proenza Schouler 品牌的时装秀场产品。你是否对纺织品有兴趣，觉得这类机会是否吸引人？为什么？

3

拉萨罗在 2013 年 1 月 9 日 WWD 的会谈中说"可以穿着的很多款型都已经制作出来了。不可能是三只袖子、三条裤腿这样子的款式。对我们来说，这就是表面设计。这就是未来的时装。这就是技术。"你对于他的这段话有何感想？

Proenza Schouler 春 / 夏 2012 RTW 系列款式。

第六章

纺织品与产品系列

了解了纺织品在服装中的重要角色，设计师开始构思新的产品系列。设计开始是潜意识在起作用，当被问到如何创作作品时，艺术家首先会说来自本能。经过进一步的询问，会发现信息、教育和经验帮助设计师找到好的想法，创作出美好的时装。希腊哲学家亚里士多德说过："重复的行为造就了我们，因此，优秀不是一种行为，而是一种习惯。"这不仅是生命的真理，也是设计的真理。设计师在产品背后付出的思考和实践经验越多，设计成果就会越优秀。

在这一章节里，我们来看看如何将本书中呈现的信息投入实践。我们将接触设计师从灵感到生产的每一个主要步骤。在每一个步骤中都会体现纺织品的作用。这样，在你开始自己的设计生涯时，理论信息都会转变为实用的知识。

设计是把形式和内容结合在一起的方法。设计，正如艺术一样，有多重定义，它没有单一的定义。设计可以是艺术，设计可以是美学。设计如此简单，又如此复杂。

保罗·兰德（Paul Rand）

适当性反映了物品适合的程度，包括地点、功能、使用者、制造者和环境。结果应当为选择适合他们期望的生活方式的材料；设计方法的发展保持了产品的关联性，如多用途性和可修复性；产品情感联系的改善鼓励人们持续地使用；织物和服装的总体感受性被确切地使用。

凯特·福莱特（Kate Fletcher）
可持续的时装和纺织品

纺织品选择与服装设计

每季前设计师准备设计下一季的产品系列，应选好纺织品和花边。纺织品应基于设计师和产品系列的特定标准来选定。其中一些标准随季节变化而变化，另一些形成设计品牌美学基础的标准保持不变。一旦指导手册确定好，设计者应联系货源、选择面料，开始设计程序。

选择纺织品的确定指导条件

每个设计室都有很多现实情况影响它的设计理论。这形成了品牌识别的基础，直接影响纺织品的选择。确定指导条件是不变的，不随灵感、趋势或季节而改变。有时，设计师将某种纺织品或印花作为品牌标识的一部分，在每一季都以一定的方式使用。

确定指导条件中，设计师必须关注采购纺织品的时间、市场细分、目标市场、伦理和预算。市场细分指设计的所有分类。一些分类为：男装或女装，成衣或街牌、定制品牌或大众品牌。男装街牌不会用山东绸，但可能在每个产品系列都用牛仔布。目标市场是指设计室为之做设计的那些特定的顾客。设计师应关注那些吸引顾客的纺织品的特点。伦理现在成为在很多设计产品系列中很重要的因素。还要关注本地采购的时间、生产流程、基本材料、纺织品的生产者和整理者、最终成品服装的使用时间和再循环性。最后，预算在纺织品选择中的角色很重要。设计师的预算可能会逐年上涨，然而，服装零售价格不应随商业成长而波动。从一开始就确定好成本公式和计划零售价格是很必要的，这应该保持稳定。预算应保持稳定，因为市场细分、目标市场和品牌伦理性不应随着公司成长而变化。

157

纺织品选择与服装设计
绘制设计图
立裁和纸样制作
生产准备
修改产品系列
聚焦设计——三宅一生（ISSEY MIKAYE）

1 设计师应采购多种季节性纺织品来表现他们的灵感。卡罗琳·考夫曼。

选择纺织品的不确定指导条件

每一季产品系列的设计过程都会有很多影响纺织品选择的因素变化。影响因素随季节的变化而变化。设计师选择纺织品时应关注不确定指导条件，包括趋势、可利用性、灵感、季节和服装设计。

如第四章所述，时装趋势经常改变，周而复始。趋势影响程度要看品牌理念的稳定性。然而，既然制造工厂严格追随趋势研究，那么市场所提供的纺织品、图案和色彩都是符合趋势的。趋势不仅影响纺织品的可利用性，还影响供应商货源和企业规模。有些货源可能只能提供有限数量的纺织品，小型工作室的设计师的财务状况可能只能从这类供应商处购买。灵感大大影响设计师对纺织品的选择。设计师应该考虑时装的年代、色彩、质地、图案和情绪及适合的纺织品。考虑到气候和温度，随着季节的不同选择的纺织品的重量和手感也不同。季节性气候影响会因品牌和目标市场所在地的不同而不同。

在选择纺织品时，系列服装设计计划的作用很重要。设计师先设计再采购纺织品，或者先采购纺织品再进行设计，他们必须在采购前有一些设计的想法。选择材料时，要考虑廓型、结构等细节和表面设计。一些纺织品适用普通情况，一些有显著特点的纺织品适用于特定场合。例如，特定的织物，有长绒毛的、特别重或者特别轻的、不透明薄纱的、经过特别后整理、有图案或有明显纹理的，这都是绐织物的特点。

绘制设计图

设计师明确了季节趋势和灵感，了解品牌的目标，就可以开始策划产品线了。虽然服装是三维的，但设计阶段常以二维方式呈现。过去产品常常通过一系列手绘时装效果图来表现，现在很多设计师选择使用计算机。无论用哪种工具，设计师都必须将想法绘画在纸面上，让人们对设计师想法的呈现有清晰的认知。产品线的成功依赖于详细的细节策划，在想象的空间里色彩的组合与草图上的似乎会有所不同。前卫的天才绘出的精彩设计廓型被强化，会被认为是演出服而不是生活中的服装。学习如何通过时装画表现设计构思，是设计师应具备的技能。

时尚人物

绘画时装画时要以人体为载体来实现。在时装画中有代表性的特点就是拉长人体比例，夸张人体姿势。时装画中人体为 9~10 个头高，而不是现实中的 7.5 或 8 个头高。一般将人体分成三个部分，分别在腰部和膝部分开；而不是以耻骨为界分成两个部分。头部为 1 个头高，在 10 个头高的人体中，增加的部分在下半部。男性人体中躯干要占用一些头高，要显出肌肉的紧张感。站姿应该以垂直的中心线平衡，这样人体的倾斜显得真实。水平动线应放在肩部、腰部和膝部，以现实的关系倾斜。细节如头发、面部特征、手和脚应简化，但必须表示出来。确定一系列时装人体模板或者速写是很好的办法，这样在以后的每一季都可以提高设计速度。有个性的款式能提升服装画的吸引力，也可作为品牌促销包装的一部分。

159

纺织品选择与服装设计
绘制设计图
立裁和纸样制作
生产准备
修改产品系列
聚焦设计——三宅一生（ISSEY MIKAYE）

1

1 手绘时装人物。塞马尔·布莱恩特（Semaj Bryant）。

手绘图

手绘服装画流动感更强，线条有变化感，比电脑程序更能正确表现出个性。这些要素形成了绘画的手势。手势应简单，而不应过于复杂、详细。在服装画中，用越少的线条表现想法越好，经过多次练习就能掌握速度和技能。想法应体现在绘画的氛围中和最终服装的设计中。

绘画的氛围和速度通过液体的、有表现力的绘画媒介来加强。以前在面对真人模特写生时，常用软铅笔、油画棒、钢笔和墨水、水彩、水粉。对很多现代设计师而言，一套不同大小笔头的马克笔可以代替很多传统的颜料。绘画是最理想的，但是对于室内模特儿，时装摄影也是很好的替代方法。在时装期刊和网站上能看到秀场上表演模特的清晰照片。可以使用不同的表面载体，但很多绘画载体都适合在外面涂一层膜。光滑的表面能帮助流畅地绘画时装人物。

在服装画中应该关注服装比例和细节的正确表达，特别是当设计师与有独立制板师、技术设计师的团队一起工作时更要注意。可以在服装画草图的边缘写个便条备注，列清意图。用于宣传材料的最终完成服装画应着重于画中的整体构图。画面上有几个时装人物、位置如何安排、正形和负形的表现（人物 VS 背景）、光和影、焦点的细节都能帮助传达设计的情绪。

设计师必须学会清楚表达面料的种类和细节。色彩应尽可能地与面料匹配。不同的工具适用于不同的面料种类。例如，在画面上容易组合的如水粉，适用于表现有肌理的面料的打底。强光和阴影应与实际的面料的情况一致。当绘画有图案的面料时，应注意比例的表现和与实际印花的相像程度。

计算机辅助绘图

在时装行业中计算机辅助绘图的实现帮助了很多缺少传统手绘技能的设计师。计算机是令人惊讶的工具，一旦学会就能节省很多绘画的时间。对于那些还没有学会绘画人体的要点的设计师来说，扫描照片然后描摹人体形态，再用一些程序中的工具去绘画出正确的人体比例是很好的办法。这种绘画好的草图可以存在计算机中，重复使用，每次使用都保存为一个新文件，而不用改变原始文件。

使用 Wacom 数位板，可以利用计算机来制作服装画，Wacom 数位板是一块感应平板，与计算机连接可以记录绘画的轨迹并储存到计算机中。这能在设计程序中加入手绘图像的美感，计算机最终决定线条的轻重和包含的细节。纯粹的手绘图可以通过扫描储存在计算机中。建议用墨水笔迹来描确定的线条，擦除所有不需要的铅笔标记和脏污，或者重新在干净的纸张上描绘图案，这样能达到扫描的最好效果。第三个用计算机绘画的选择就是通过鼠标和绘图程序。

161

纺织品选择与服装设计
绘制设计图
立裁和纸样制作
生产准备
修改产品系列
聚焦设计——三宅一生（ISSEY MIKAYE）

2 计算机辅助程序可以在服装画中加入扫描实际的面料的效果。汉娜·帕克（Hana Pak）。

计算机辅助设计

　　计算机辅助设计程序功能通过两种方式的一种来实现：矢量图或位图。使用矢量图的绘图程序，笔触和形状通过在 X/Y 轴上绘制，放大或缩小比例改变图像大小，同时不会失真。照片般真实的绘图程序使用栅格或位图，用像素网格矩阵的方式绘图，颜色混合很真实，但是改变尺寸时图像会失真。

　　着装人物所有细节都完成后，需要检查是否所有线条都形成封闭的区域。这样才能用程序工具来选择形状。然后设计师可以用色彩、图案和扫描的面料来填充封闭的区域。当扫描重复的结构、图案或平纹织物时，以高分辨率来扫描，打开程序，找到重复的区域。将重复的地方标注出来，选择、复制，并粘贴到新的文件中。减小文件的尺寸，令其比例适合服装画，存成图案的形式并用来填充。对于不重复的织物，标注区域要比实际扫描区域小一点，选择原始的形状，从右侧开始覆盖，再复制、粘贴一直到左侧。重复操作，选择上部，覆盖到下部。这样选择的边缘平铺时会形成无缝的重复。有不完整图案重复的样本可以通过程序中的涂色工具完成。

时装设计元素：环保面料采购

第一章　时装产业中纺织品的角色
第二章　材料
第三章　外观设计
第四章　产品系列概念化
第五章　采购织物
第六章　纺织品与产品系列
采购采访
附录

162

立裁和纸样制作

　　产品系列的方向一旦确定，接下来就应该进行每个产品的设计了，一般借助立体裁剪、纸样制作和平纹布来实现。以服装画为指导，设计师或样板师开始绘制步骤，将二维的纺织品制作成三维的服装。必须要了解纺织品的特点和服装的构造情况。至少在设计程序进入这一阶段时，工作室应该有所有用到的纺织品的样品。看到、触摸和处理纺织品能提升对纺织品性能的理解，也能确定如何利用纺织品制作最终的服装产品。

立体裁剪

　　立体裁剪是用面料在人台或模特上进行时装设计的方法。一些设计师更喜欢用立体裁剪进行设计表现；一些设计师喜欢用立体裁剪来实行设计以确定面料的性能；一些设计师用立体裁剪来代替平面裁剪。当使用立体裁剪设计产品系列时，大多情况采用便宜的面料而不是最终用于产品的面料。平纹细布或便宜的未漂白的机织棉布是非常好的选择。不同克重和不同密度的平纹细布可以代替大部分面料。然而，如果这种面料与最终使用的面料有非常大的差别，就应采购价格便宜、性能与最终面料接近的面料作为替代品。

　　当立体裁剪用于人台，人台的比例就应尽可能接近目标消费者的体型。人台也可根据设计师要求的规格来定制，但价格会昂贵一些。订制一个标准规格的人台样本，从人台上所获取的纸样能够更方便地放码和缩码，及制成全尺码样板且不易走样。

　　除了人台和面料，设计师还应准备用于剪裁面料的剪刀、大头针、划粉、手缝针和线。有条不紊且慢慢地操作，使用剪刀和划粉来标记设计的重点部分和面料的连接点。记住面料最终需要从人台或模特上取下，复制为平面的纸样用以生产。当面料还在人台上时，从各个角度拍摄清晰的照片是必要的，以便对照处理平面纸样。

163

纺织品选择与服装设计
绘制设计图
立裁和纸样制作
生产准备
修改产品系列
聚焦设计——三宅一生（ISSEY MIKAYE）

1

1 Max.Tan 的立体裁剪设计 2011 春 / 夏秀。

时装设计元素：环保面料采购

第一章　时装产业中纺织品的角色
第二章　材料
第三章　外观设计
第四章　产品系列概念化
第五章　采购织物
第六章　纺织品与产品系列
采购采访
附录

164

2　夹克立裁的开始。卡伦·柯里顿－佩里（Karen Curinton–Perry）。

制板

制板是指向自身的艺术形式。一些设计师擅长制板，而有些设计师不太擅长制板。有些设计师与制板师合作来实现自己的设计。无论哪种方式，设计师至少应了解制板的基本技艺，这是很重要的，这样才能在制板时清楚地表达自己的想法。

制板是一种工程形式。它能通过可视化的转化，使想法成为三维的物体。一名制板师能过理解人体、面料特点、人体比例和构造方法达成这种转化。制板能过数学的方式来表达。对于制板师而言，强有力地控制增加、减少、比例、弧度、线条和小部件是很重要的。

幸运的是，有很多关于制板的书，内容包括关于常见时装廓型和一些细节部件如领、袖和口袋的清晰的课程指导。其中也有一般人体尺寸表，在制作基本尺寸的时装平面纸样时需要这些数据。以这些课程和尺寸表为起始点，设计师可以通过调整和变形来走到特别的设计目的。

制作平面纸样需要的基本工具有尺（一把曲线尺、一把 L 形尺）、软尺、铅笔、裁纸剪刀、成卷的纸。另外，还有一些特殊的工具也非常有用，缺口剪、描线轮、法国曲线板、锥子和打孔器。这些工具可以在网上或缝纫工具店买到。纸样完成后，要标注清楚季节、服装名称和每款纸样的片数并将同类纸样归类存放。

165

纺织品选择与服装设计
绘制设计图
立裁和纸样制作
生产准备
修改产品系列
聚焦设计——三宅一生（ISSEY MIKAYE）

3 在最终的生产纸样制作之前，
时装纸样可以用不同的纸制作。

样衣

在进行最后的样品制作前，必须检查每一片纸样是否合适及纸样的功能性。以制作样衣来检查，用与最终时装的面料相似却更廉价的织物来制作样衣。对设计师而言，用纸样方法是以三维的方式查看时装设计的第一位选择。使用立体裁剪方法的设计师，利用样衣能让他们看到是否正确地将立裁转化为纸样，并且是否有明确的标记可将纸样精准地组装起来。

样衣是用与最终时装成品同样的结构、同样的缝纫细节制作出来的。通常不使用配件，而用大头针来代替纽扣、揿扣与拉链。结实的面料是最好的选择，这样可以直接在样衣上做标记，表示更正等。试衣时，建议不使用人台，而是让模特来试衣。试衣模特展示出品牌目标顾客的理想人体比例。观察穿着在人体上的样衣，可以使样衣更合体，更适宜运动，线条和比例更合适。

时装设计元素：环保面料采购

第一章　时装产业中纺织品的角色
第二章　材料
第三章　外观设计
第四章　产品系列概念化
第五章　采购织物
第六章　纺织品与产品系列
采购采访
附录

166

生产准备

当季产品系列经过制作纸样及试衣阶段，到了生产样的制作和生产前准备阶段了。有的设计师在工作室完成生产样的制作，有的设计师将纸样和面料发给样品制作工。很少有设计师有能力和设备完成生产的数量，所以生产设备也需要采购。

为了确保产品系列顺利地从设计师手中过渡到样品和生产，要确定每一件时装都有清楚且精确的指示。一旦生产厂家接收了这些指示，每件服装最终的成本估算就会发送给设计师。这些数字将会体现在季度产品系列的最终财务计划中。

平面图

平面图是关于服装的清楚的细节图。与手绘的时装效果图不同，艺术天赋在平面图中没有用武之地，在平面图中，技术和比例的精确性更重要。画平面图是以草图为指导，得到正确的比例。平面图展示的是当服装平放着时的样子，包括服装的正面、背面和所有的细节，如缝份、省道、缝迹和装饰。平面图可以用手绘，但是 CAD 绘制的平面图是规格表和技术包的工业标准。计算机辅助设计程序使用矢量图，可以保证精确的比例和精确的细节设计。手绘常用于动画平面图。动画平面图意味着图片可动且需要天赋，使款式图、促销包装和趋势展示更美。

一件服装的平面图可分为两部分：第一部分是黑白的细节图，第二部分包括色彩、织物和表面设计。黑白的平面图用于在规格表中的技术说明。在技术平面图中，不同粗细的线条用来描绘不同的构造方法和设计元素。精确的缝迹位置和装饰品位置都应记录在内。彩色平面图用于技术包中，进一步描述织物和表面设计。它们会放置在给买家的款式图包中，展示在给定的款式中，可以提供不同的织物和表面设计选择。

1　（对页）根据灵感、顾客和市场的情况选定面料之后，设计师开始构思廓型和产品系列。手绘平面图由安妮·莱森斯基（Anne Lysonski）提供。

167

纺织品选择与服装设计
绘制设计图
立裁和纸样制作
生产准备
修改产品系列
聚焦设计——三宅一生（ISSEY MIKAYE）

1

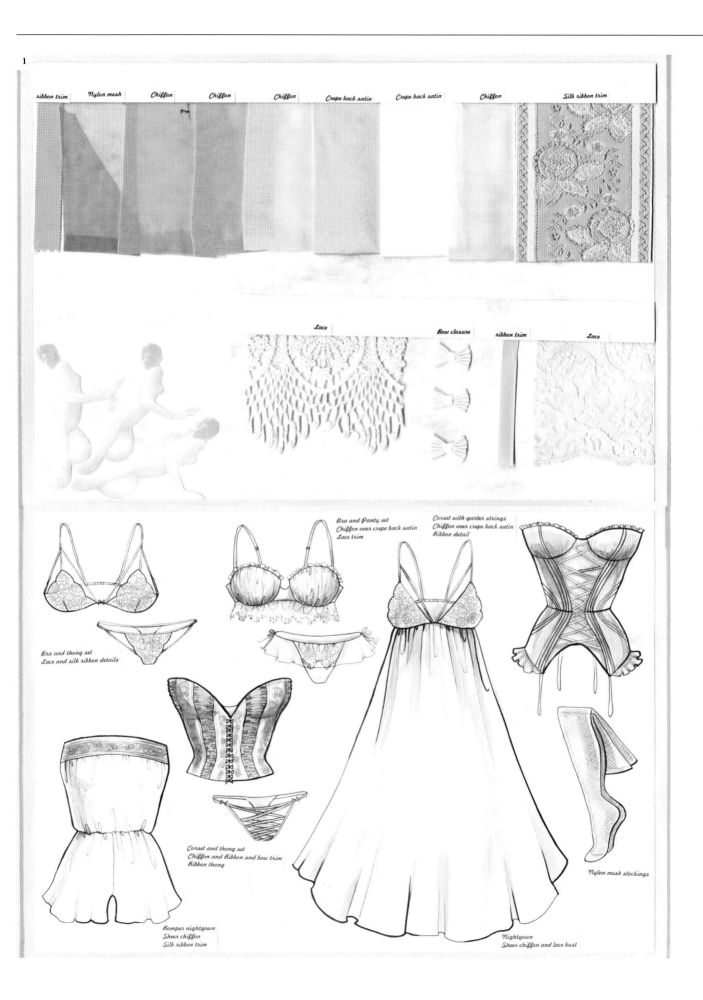

ribbon trim Nylon mesh Chiffon Chiffon Chiffon Crepe back satin Crepe back satin Chiffon Silk ribbon trim

Lace Bow closure ribbon trim Lace

Bra and thong set
Lace and silk ribbon details

Bra and Panty set
Chiffon over crepe back satin
Lace trim

Corset with garter strings
Chiffon over crepe back satin
Ribbon detail

Corset and thong set
Chiffon and Ribbon and bow trim
Ribbon thong

Romper nightgown
Sheer chiffon
Silk ribbon trim

Nightgown
Sheer chiffon and lace bust

Nylon mesh stockings

时装设计元素：环保面料采购

第一章 时装产业中纺织品的角色
第二章 材料
第三章 外观设计
第四章 产品系列概念化
第五章 采购织物
第六章 纺织品与产品系列
采购采访
附录

168

规格表和技术包

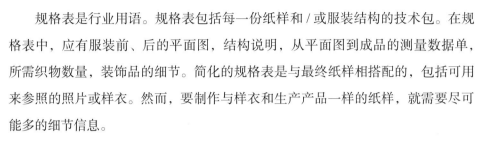

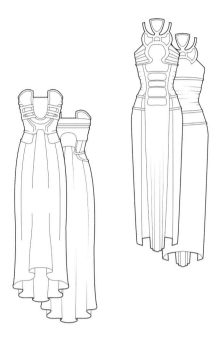

规格表是行业用语。规格表包括每一份纸样和／或服装结构的技术包。在规格表中，应有服装前、后的平面图，结构说明，从平面图到成品的测量数据单，所需织物数量，装饰品的细节。简化的规格表是与最终纸样相搭配的，包括可用来参照的照片或样衣。然而，要制作与样衣和生产产品一样的纸样，就需要尽可能多的细节信息。

当使用辅助承包商运作纸样制作程序、最初样品、最终样品和生产时，应有完整的技术包。所有的技术包应标明设计师名字、季节、年份和服装款式名称。给样板师和样衣制造人员的技术包，要增加特别详细的规格表，还应包括有立裁技术或特别结构细节的照片或样品。也应加入面料小样，以便样板师清晰了解设计情形和最终使用织物的属性。样板师还需要将最终确定样板推放至全套尺寸的样板，所以还应有品牌所有型号的规格尺寸。制作出每一款的样衣后再签核生产样板。如果不能每个尺码都制作样衣，那么至少应制作一件用来复核推码。生产样板应用结实的卡纸制作，由生产线上的工人来使用。给最终样衣师的技术包括以上提到的所有项目，面料小样和装饰、选定的配件、彩色平面图、生产样板、经过修正的样衣和用来说明的照片。系列产品的样品线由最终的生产承包商来运作。这是最好的情况，确保成本性的构造错误在生产前由制造商了解并确认。样品线是呈现给顾客或买手来自生产订单的最终样品系列。

当与海外供应商合作时，只有有创造性和技术性的设计完全在内部完成。所有其他程序包括材料的采购、样板的制作、最初样衣与最终样衣、表面设计程序和生产都由海外供应商来完成。如果接触的供应商没有能力完成某些项目的某些方面，他们更可能寻找当地的辅助承包商来负责。当在海外进行工作时，平面图、规格表和技术包对程序的顺利进行和制作成功的产品来说尤为重要。

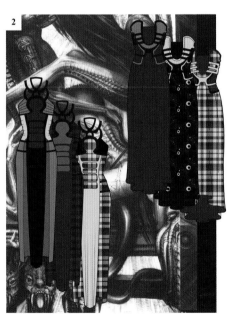

2 计算机程序令细节平面图的绘制变得更简单了，还可以使用一系列不同的织物选项来绘制平面图。朱迪·易（Judy Yi）。

169

纺织品选择与服装设计
绘制设计图
立裁和纸样制作
生产准备
修改产品系列
聚焦设计——三宅一生（ISSEY MIKAYE）

成本核算

　　成本核算是时装设计的预算，需要考虑到生产成本、批发价格和零售价格。最终，设计师对服装成本的理解直接影响商业的全面成功。失败的成本计算比失败的时装设计更快地令运转的商业衰落。在设计的各个阶段都要考虑成本核算。好的设计师必须承认成本核算在面料选择和设计中的影响。

　　好的成本计算应以设计师的计划零售价格为起点。设计师应研究目标市场、经济形势和竞争者的价格，以便为品牌每个服装类型制订一个价格区间。接下来，零售商通常将批发价格的2~2.5倍定为零售价格。如果一条裙子零售价格为53英镑，那么根据零售商采用的价格结构批发价格应为21~26英镑。作为设计师，如果你想获得成本的一半为毛利润，那么26英镑的批发价格，应留出13英镑作为设计和生产服装的费用。要知道，50%的盈利不会都被投入商业中，投入商业的应为净利润。净利润应为预计的35%，其余的15%用于销售代理费、库存、未付款和取消的订单。

　　实际的服装成本还应考虑一些因素。固定成本还包括工资、租金、账户费用和每月账单等。间接成本是这些项目的一般名称，估算约为可变成本增加30%。然而，建议应尽可能地计算精确。服装成本包括新产品和样品、面料和装饰、标签和所有生产力成本。这些都是变化的，只有成本增加的部分可以调整减少。若试图减少生产成本，设计师应确保质量、市场水平和零售价格不会受到影响。

修改产品系列

一切准备就绪，设计师转而开始用批评的眼光看待最终的成果。没有哪个产品系列是以设计之初计划的那样呈现给顾客的。随着时间的推移，可能会有概念性的改变、材料的改变和令人惊奇的添加。时装设计是反映周边的生动的有机体。在设计过程中持续改变，在投入生产之前对产品线进行分析是很必要的。聪明的设计师相信自己的直觉，同时也会参考他人的反馈。

设计因素

到最终样品完成时，产品系列可能已经经过很多次改变。第一个改变应该发生在所有设计都进行说明后，第二个改变应是在采购面料时，第三个改变是制作好服装样板并做样衣时。在这些阶段改变可能会简单，比如将两个好的设计组合成一个令人惊奇的美妙的设计，换一种面料或改变构造方式。在最终的分析阶段发生的改变会将某一款式彻底去掉。

设计因素的最终分析阶段分两个部分：在时装秀或市场周之前和在投入生产之前或之后。在产品线对公众展示之前会先以完整形式呈现，观众包括设计师、支持团队、值得信任的商业顾问。模特展示最终样品，并且对每件服装进行评估，包括合体性、功能、服装审美和产品呈现顺序。发布直到最终样品以正确的颜色、面料和表面设计呈现才会确定。如果在最后阶段某一件服装被发布出去了，那么这件服装就会被取消或重新制作。在时装秀和市场周之后，基于媒体和买手的反馈进行第二个分析。即使达到所有的设计目的，每一个产品系列中都有一些款式并不能与观众达成共鸣。最好取消这些款式而不是投入生产。

171

纺织品选择与服装设计
绘制设计图
立裁和纸样制作
生产准备
修改产品系列
聚焦设计——三宅一生（ISSEY MIKAYE）

1 M.Patmos 系列除关注设计和色彩趋势之外，还关注公平贸易、可持续性材料和社会意识生产方法。M.Patmos 针织 2012 春 / 夏秀。

财务因素

很多时候财务在产品系列的修改过程中起一定作用。当产品系列形成后，财务预算会影响面料和材料的选择、表面设计能力、设计元素和构造方法。有很多财务可变因素需要考虑，以达到设计理念和预算的平衡。改变设计可变因素也能达到平衡，如，美妙且昂贵的面料与简单的设计相配，而成本低的构造形式或便宜的面料与复杂的设计相配。另一个财务改变技巧是，在整个产品线中浮动每一款的毛利率。如果某一必须有的服装生产最终的批发价格和零售价格太高，设计师就设定较低的利润，并对不那么贵的服装增加一定的毛利率。另一个需要考虑的可变因素就是吸引力。如果一件服装足够流行，生产批量大，通常生产成本就会随之降低。

将有很多时候有这种情况，一款服装非常精美，生产出来却没有利润。如果设计是固定的，将来可以选用便宜的面料、表现处理或简单的结构。偶尔设计师明知生产某款服装成本太高仍会继续。这些"时装秀款"有良好的财务意识，为产品系列吸引大量媒体的关注。

最终，没有设计师每一季都能展示完全成功的产品系列。希望这段文字是对纺织品转变为服装的方式的概括性总结。时装是活动的目标，用尽可能多的知识武装自己并全力以赴。

我已经尽力去使制衣这个体系进行根本性的变革。试想：一根线进入机器，用最先进的计算机技术，依次生成完整的衣服，不再需要裁剪和缝制面料。

——三宅一生

很少有设计师像三宅一生一样将织物与时装设计共生地联系在一起。他的时装生涯是技术、织物的革新与简单清爽的设计探索性的合并。他的作品常常令人不知道是从何处开始的，是从面料还是设计概念？或者是否两者之间并无区别？高度概念化和极有触感的三宅一生的设计将身体与意识紧密联系在一起。关注有哲学意蕴的广泛的灵感，他不将自己的灵感限制在时装设计预设的概念之中。一个人应知道，艺术的旅程与最终的美丽的结果一样重要。

问题讨论

1

三宅一生最近从设计主管的职位上退休了，作为设计主管，他一直关注在产品系列中使用的面料的结构性与概念性。你认为时装和面料的概念和时装设计是一回事吗？

2

你如何设计一个产品系列？你会根据采购的面料来设计还是根据设计的概念来采购面料？你觉得哪一种方式更适合？

3

三宅一生设计工作室的设计主管藤原大（Dai Fujiwara）曾经说"我不相信没有技术会有艺术"。你认为是这样吗？你认为在未来这种观点更确切吗？

4

据说三宅一生非常注重草图，而同时很多同行关注时间期限。你认为同时关注高度概念化的设计和盈利性是可能的吗？你认为，在市场是否有空间可以有多位像三宅一生一样的设计师，还是他是例外？

5

什么能启迪你推进设计概念的界线？

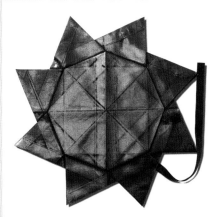

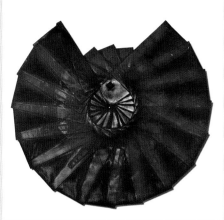

三宅一生创造的 132 5 产品系列。

采购采访

关于时装的成功，面料的选择和设计一样重要。能正确分析顾客的需求、所能负担得起的东西、设计所需要的面料的属性，这能使设计师成功地采购到完美的面料。考虑到顾客、构造方法、色彩和面料外观设计选项，这能让你有更多的选择。接下来的采访记录了一些设计师在产业采购或创造面料的研究和工作中的片段。这些在设计生涯不同阶段和为不同市场工作的设计师讲述的故事旨在提供灵感，指引创造自己的产品线。

学生设计师

特丽莎·德克尔（Theresa Deckner）

采访时，特丽莎·德克尔正准备完成她的毕业论文作品，她在位于布鲁克林的普瑞特艺术学院（Pratt Insititute）学习。

你会通过面料外观设计来定制自己的面料吗？

是的，我爱在面料上绘画或染色。我喜欢体验不同的技术，也使用最初的绘画通过 Adobe Photoshop 或 Adobe Illustrator 来制作面料的图案。

你的工作程序是怎样的？

很难确定某个程序，因为我一直在尝试新鲜、不同的事物。在我的毕业设计中，我将丙烯颜料和金牌高分子乳液（GAC900）混合，画或刷在大麻织物或大麻混纺织物上。只使用丙烯颜料的织物会变硬，而加上高分子乳液，织物能保持原有的手感，可洗涤且不退色。

在选择面料时你有哪些特别的考虑？

现在我特别喜欢使用大麻织物。大麻织物具有很多用途，而且对环境没有影响。遗憾地是在很多国家不允许使用，需要经过很长距离的运输才能得到。

你认为纺织品最重要的是什么？

我选择织物的方式不是太功利。我常被织物本身的感觉所吸引，对功能性要求不太严格。我喜欢柔软质轻、悬垂性好且手感舒服的材料。然而，任何材料都有明确的用途，我试图以织物的特性来使用它。我也试图基于对环境的影响程度来选择织物。

你是先设计再寻找合适的面料还是先采购一系列面料再进行设计？

我通常是先设计再寻找合适的面料。面料必须适用于衣服每一个裁片的功能，对我来说，多数时候是第二步来选择合适的面料。然而，当真的有令人赞叹的印花、色彩或面料（最可能是山羊绒），我会开始绘画或制作衣服。

在你的系列中，色彩有多重要？

色彩特别重要，因为它通常最先给予我灵感。对这个系列，我是去年暑假在德国周边徒步时看到花卉得到的灵感。回到纽约以后，我用拍的照片制作不同的色彩板，直到找到最喜欢的色彩组合。

177

学生设计师
刚刚开始
独立的当代设计师
可持续性设计师
大众市场设计师
街头服装设计师
女装设计师
纺织品设计师
数字化定制

在你的产品系列中，面料外观设计有多重要？

对我而言，表面设计确定了大部分的产品系列。我爱绘画，总觉得它是不稳定且私人的。我常在感到不知所措的时候绘画。对我来说，我绘画的每一部分都有特殊的意义。这个系列真的对我很重要，这是我首次将绘画和想法以色彩和服装的方式呈现，人们能真正地看到。

你感觉你的设计会因为你选择的面料还是表面设计而闻名？

我希望我的设计因为选择的面料和表面设计而闻名。

刚刚开始

凯尔思·卡琳·帕克豪斯（Kelsy Carleen Parkhouse）

凯尔思·卡琳·帕克豪斯是 2012 年刚从普瑞特艺术学院毕业的时装设计师。她的毕业设计获得了丽兹克莱本奖（Liz Claiborne）——为在纽约时装周中展示的产品系统提供经费支持。卡琳在 2013 年春 / 夏时装周首次露面的第一个产品系列是她的毕业设计的延伸。她的灵感来自古典、工艺品收藏品和在西海岸的成长岁月。

你从事设计有多久了？

我最近才从学校毕业，创建了自己的公司——卡琳。我从事设计工作大约四年了。

在选择面料时的挑战是什么？

到目前为止，最大的挑战是第一次从批发供应商处采购，商讨订单的最小数量。我希望当我站稳脚跟，有了更多经验，这能容易一些。

你更倾向于从哪种批发商处采购纺织品？

我的第一个产品系列是在学校设计的，资源有限。我曾想应用大量的印花面料，所以通过 eBay 寻找古典的面料。从那以后我是去找工厂定制印花面料。

你是每一季都同交易过的供应商联系还是根据产品系列来寻找新的供应商？

作为新的独立设计师，寻找采购供应商是一个挑战。以前的工作和实习时的联系很有帮助，但是我一直在寻找可靠的供应商。

你通过面料外观设计定制面料吗？

这要看产品系列的需要。这不是我在一季中要持续考虑的问题。对于我的毕业设计，我利用了绗缝、拼布和丝网印花。未来我想研究刺绣和染色技术。

在选择面料时你有哪些特别的考虑吗？

我喜欢有可持续性的和当地工业的面料。但是这不是我的公司或品牌的主要关注点。我尽可能做出好的选择。

你认为纺织品最重要的是什么？

上面所说的都是，这是可以接受的答案吗？根据项目的特别之处，不同的品质都有其重要性。但是肌理和手感是很重要的。找到合适深浅的某种色彩也是非常重要的。

你是先设计再寻找合适的面料还是先采购一系列面料再进行设计？

我一般是先设计再找面料。但是也有时候某种面料给人以灵感，在系列中占据很大一部分。

在你的系列中，色彩有多重要？

非常重要！在我的设计过程中色彩板通常是非常早要确定的。

你感觉你的设计会因为你的设计还是面料外观设计而闻名？

我在 2013 年春的系列中使用了拼布和绗缝，毕业时装秀以后受到了很多关注。如果说这就是使人们了解我的工作的一个因素还为时尚早。

独立的当代设计师

戴维·J. 克劳斯（David J.Krause）和
妮娜·日尔卡（Nina Zilka）的 ALDER

Alder 是设计师戴维·J. 克劳斯和妮娜·日尔卡的第二条产品线。他们第一条线 Twentyten 是当他们还是学生时成功发布的，并且在 *Surface Magazine*、*Refinery29*、*WWD* 和 *Elle* 上占据重要位置。直到 2011 年他们撤消了这条产品线，并转至更有活力的方向。新的 Alder 带有戏谑的极简抽象艺术风格。

你的职务和职责是什么？

我是 Alder 的设计师和公司所有者。我和我的商业合作伙伴妮娜·日尔卡负责运作这个时装品牌的各个方面，包括纸样制作、样衣缝制、生产管理、销售、公共关系和营销。

你从事设计有多久了？

我从 2008 年开始从事设计，那时是设计第一个服装品牌 Twentyten。

请描述一下你的生产线。

Alder 是一个拥有服装、配饰和自然头发护理的公司，主要是当地生产的优质产品。Alder 的工艺品有一些顾客喜爱的独特的细节。

你更倾向于从哪种批发商处采购纺织品？

我们直接从工厂或纺织品展示室采购纺织品。

你是每一季都同交易过的供应商联系还是根据产品系列来寻找新的供应商？

每一季我们与一些工厂和纺织品展示室合作，同时为了寻找某种特定的面料和或纤维，我们也会寻求新的合作伙伴。

你通过表面设计定制自己的面料吗？

每一季我们都定制数码印花、丝网印花和染色面料。

你是自己设计面料、外包给自由职业者还是从市场上购买？

我们所有的定制纺织品都是自己制作。我们也从市场上购买。

你做内部的趋势研究吗？

是的。我们自己的所有趋势研究都是自己来做。

你提前做几季？

我们提前两年。

在选择面料时你有哪些特别的考虑吗？

我们尽可能在当地采购面料。然而，质量是最重要的。在选择面料时，有长久历史且做得好是最重要的因素。

你是先设计再寻找合适的面料还是先采购一系列面料再进行设计？

我们先用想用的色彩或纤维来设计产品，再尽力去市场上寻找想要的面料，根据找到的面料再来修改我们的设计。然后我们再决定用哪种面料和用哪种料处理方式来处理已选择的面料。

在你的系列中，色彩有多重要？

对于我们的系列来说，色彩极其重要。常常色彩是一季产品的统一元素。

可持续性设计师

约翰·帕特里克（John Patrick）的
JOHN PATRICK ORGANIC

约翰·帕特里克在决定以环保生活方式生活之前，已经在纽约时装业做了 20 年的设计工作。经过四年专注的研究和计划，2006 年创办了 John Patrick Organics。John Patrick Organics 完美地将奢华、注重细节的设计与伦理结合在一起。基于革新和公平采购国内外纺织品，John Patrick Organics 关注传统经验与植物染料的进步、数码印花技术、可回收织物和有机羊毛纱的结合。

你的职务是什么？

管理者——所有设计和制造的首席设计。

你的目标市场是什么？

看起来我们的目标市场很广阔。作为当代时装品牌，我们的目标市场当然应该是时尚顾客。

为品牌选择面料时的挑战是什么？

挑战是在美国，生产面料的工厂不愿意革新。我的品牌用的先进的面料来自日本。

你更倾向于从哪种批发商处采购纺织品？

我们的合作伙伴工厂从小型、中型到大型都有。我总是寻找新的有革新的供应商。

你是否通过色彩或印花定制自己的面料？程序是怎么样的？

我们定制面料。自从 2008 年开始用数码印花。

为市场选择面料要特别关注哪些？

可靠——透明度和持续性是品牌的特点。

全球采购是你寻找面料的方式之一吗？

是的。我们非常认真地选择，只和我们了解的公司合作。

你做内部的趋势研究吗？提前做几季？

我们不跟随任何趋势。我们每一季都是提前六个月准备。

在设计过程中纺织品的重要性有哪些？

除设计之外，纺织品是产品系列最重要的部分。它们联系紧密。如果它们不统一，产品就无法完成。

你是先采购一系列面料再进行设计还是先设计再寻找合适的面料？

一半一半。总是有惊喜。有时候偶然会有一种面料以特别的方式表现。

工作室做表面处理吗？

是的。我的工作室做表面处理。

时装设计元素：环保面料采购

第一章　时装产业中纺织品的角色
第二章　材料
第三章　外观设计
第四章　产品系列概念化
第五章　采购织物
第六章　纺织品与产品系列
采购采访
附录

184

大众市场设计师

这位大众市场的设计师因为签订了保密协议，因此她同意匿名分享她的经验。她的最高学历为时装设计，已经工作 11 年了。在这段时间里，她在大型连锁店先后担任了几个职位，包括技术设计师和设计指导。近来她辞去了知名快时尚产品设计师的职位，准备发布新的品牌。

你的职务和职责是什么？

设计指导。我负责从概念开发、面料和色彩、款式开发、成本到最终产品设计。

你从事设计有多久了？

十年。

品牌的目标顾客是谁？

喜欢快时尚的年轻人，年龄为 14~24 岁。

请描述一下你所设计的品牌。

快时尚年轻人的服装。有粗针针织服装、机织服装、牛仔装和运动衫。

选择面料最大的挑战是什么？

快时尚的领域，最大的挑战就是进入市场的速度。面料有很长的订货时间。我们试图为某一款针织服装提前购买坯布，快到交货期时开始染色并设计，以便快速制作符合流行趋势的产品。我们也从供应商处购买现成的产品，而不需要重新制作。

你更倾向于从哪种批发商处采购纺织品？

大多数工厂可以提供大批量订制的面料和装饰物。他们也能提供单价稍高的以最小数量或卷数订制的面料，这样你可以不按标准的最低数量订制。

你是每一季都同交易过的供应商联系还是根据产品系列来寻找新的供应商？

根据产品来决定与哪家供应商合作。特定的国家提供特定的面料、装饰物或款式。例如，印度注重机织物，而中国针织目前处于领先地位。

你通过面料外观设计定制面料吗？

在大公司，所有的印花和图像都是订制的。他们有与设计师紧密合作的图案设计团队，用适合品牌的印花说明趋势。他们是印花方面的专家，虽然设计师也需要了解哪种印花在哪件衣服上最合适。

你提前做几季？

在零售行业，大多数趋势提前 9~12 个月开始运作，廓型大约提前 6~9 个月。印花一般与廓型时间差不多。在快时尚行业，整个程序的时间表可以缩至 3~6 个月。

185

学生设计师
刚刚开始
独立的当代设计师
可持续性设计师
大众市场设计师
街头服装设计师
女装设计师
纺织品设计师
数字化定制

你认为纺织品最重要的是什么?

色彩和手感一直是保持品牌完整性的最重要因素。悬垂性和结构则完全依赖于最终廓型。

在为产品选择纺织品的重要性方面你有什么建议可以对学生们说。

选择纺织品特别重要。这是杰出的设计师与优秀的设计师的区别所在。杰出的设计师必须了解面料。这是你的方法,没有这些知识,不可能设计出具有功能性和有美感的产品。

* 保密协议是在与雇主签订合同时签订的。你的作品属于公司,你不能描述或展示你的作品。在大型时装商业环境中这是常见的合同条款。

时装设计元素：环保面料采购
第一章　时装产业中纺织品的角色
第二章　材料
第三章　外观设计
第四章　产品系列概念化
第五章　采购织物
第六章　纺织品与产品系列
采购采访
附录

186

街头服装设计师

G.G.$ 的菲利帕·普赖斯（Philippa Price）和斯迈利·史蒂文斯（Smiley Stevens）

G.G.$.（Guns.Germs.Steal）是来源于洛杉矶的男士街头服装。创建者、设计师菲利帕·普赖斯和斯迈利·史蒂文斯关注边缘文化，他们在世界各地工作，使高端时装影响年轻时尚的时装。他们的产品包括用有肌理的面料、点和全件印花组合，针对新一代的都市男性。

你们的职务和职责是什么？

菲利帕·普赖斯和斯迈利·史蒂文斯是 G.G.$. 的联合创始人，也是创意总监。我们设计服装和配件、运作品牌并掌控品牌的各个方面。

你们的目标市场顾客是谁？

我们的目标市场顾客是新兴街头风格服装消费者，他们所受的影响不仅仅是街道，他们快速扩张，是边缘文化的一部分，有数以百万计的多种族亚文化，由无限的文化流动引导。新街头风格服装消费者在高度设计和高度联系的环境中成长起来。他不再是都市／街头文化的孤立者。他培养了欣赏时装和口味设计的能力，他的个人款式得到了发展。

请描述一下你们的产品。

G.G.$. 是有创造力的街头男士服装品牌，有多种多样的款式。我们销售男士饰品，有图像的 T 恤和经剪裁缝制的产品。我们的产品自始至终从高端时装运动中获取启示，混合了经典工装的功能性和街头服装款式大胆的廓型。

为你们的产品选择面料的最大挑战是什么？

主要的挑战是，在生产需要下订单的时候能够订到面料。我们在设计第一个产品系列时，没有关心这个，我们制作了所有的样品，销售出去，但是当需要生产的时候我们不得不回头再去订购生产需要的面料——真是一场灾难。

你们更倾向于从哪种批发商处采购纺织品？

我们设计时装时先去面料展，在面料展上看看，为新发现而惊叹。开始设计的第一步通常是考察面料，而不是设计服装。一旦我们有了产品系列设计的想法，就直接去洛杉矶周边的工厂采购面料。我们开始自己设计面料图案，但是要做这个有一些困难，成本较高，所以通常需要有相当多的起订量。

你是每一季都同交易过的供应商联系还是根据产品系列来寻找新的供应商？

我们的供应商根据产品系列的不同而不断改变。我们在展会上认识了很多新的供应商，并努力为订购更多基本的面料与供应商建立联系。我们还是新品牌，需要学习寻找是可依赖的资源。

时装设计元素：环保面料采购

第一章　时装产业中纺织品的角色
第二章　材料
第三章　外观设计
第四章　产品系列概念化
第五章　采购织物
第六章　纺织品与产品系列
采购采访
附录

188

街头服装设计师

G.G.$ 的菲利帕·普赖斯（Philippa Price）和斯迈利·史蒂文斯（Smiley Stevens）

你的工作程序是怎样的？

我们所有的程序都要经过开放式研究。在我们的第一个产品系列中，在整件衣服上使用了大量的热升华转移印花。本季我们在一部分服装上采用了吊染法，图像 T 恤上常常使用丝网印刷。在织物印花和染色方面总是有很多很好的技术研究出来，探索新的方法，增加织物的更多可能性，这总是令人激动的。

你是自己设计面料、外包给自由职业者还是从市场上购买？

我们从市场购买面料，自己也设计一部分。随着我们的成长，最终想更多地自己设计面料。

在选择面料时你有哪些特别的考虑吗？

我们的市场是确定被图像所吸引的，但我们更想给市场介绍一些新的面料和没见过的印花。我们打算以男士街头服装的全新角度来诠释，而不是与大多数品牌一样，当选择面料时我认为我们应该完全拓展思路。

多少人来做这个选择和创造面料的工作？

只有菲利帕和斯迈利！

你做内部的趋势研究吗？

我们一直观察新趋势，并对其进行自己的研究，我们试图领先于趋势。面料展大概提前一年的时间，参加面料展以后你就能说出接下来的一年会如何，我们努力不做这些。过去的一年里，所有的面料展都是扎染色织物的天下。我们喜欢其中的一些印花，但是我们知道，下一个春季，每个品牌都会销售这种扎染色织物，所以我们要避免用这种织物。一个面料供应商曾经想给我们展示趋势预测，而我们必须挡住双眼——我们都感觉这些都会影响创造力。

你提前做几季？

现在我们只提前做一季。当前我们正准备第二季，我们努力坚持！

189

学生设计师
刚刚开始
独立的当代设计师
可持续性设计师
大众市场设计师
街头服装设计师
女装设计师
纺织品设计师
数字化定制

你有哪些特别的喜好会影响对面料的选择？

对我们来说，采购本地的面料是非常重要的。我们的生产完全在洛杉矶进行，从本地采购面料能节省一大笔开支。从环保的角度来看，在生产地附近寻找合适的面料也能减少碳足迹。

你认为纺织品最重要的是什么？

印花或色彩。

你是先设计再寻找合适的面料还是先采购一系列面料再进行设计？

我们通常是采购一系列面料，再进行设计。

在你们的系列中，色彩有多重要？

你在开玩笑吗？色彩是最重要的！我们的产品设计完全由色彩开始。

针对面料在产品系列中的重要性，你有什么建议可以分享给学生们。

在选择面料时要有条理，尤其是生产大量产品的时候。有一块精美的面料小样却不知道在哪儿能买到，或者做好了样品，在市场销售，当要大量生产的时候发现厂家不再提供这种面料，没有什么比这种情况更糟糕。将面料小样钉在名片上，保留好收据和发票。在需要这种面料之前，确定能够批量采购面料，并且价格是合适的。

女装设计师

TATA 和 NAKA 苏尔古拉泽（Surguladze）的 TATA NAKA/STOLEN MEMORIES

Tata Naka 和 Stolen Memories 是一个品牌的两条产品线，由在美国佐治亚州出生的英国双胞胎姐妹塔玛拉·苏尔古拉泽（Tamara Surguladze）和娜塔莎·苏尔古拉泽（Natasha Surguladze）拥有和运作。她们三次获得了英国时装协会颁发的新生代奖项。设计师去伦敦中央圣马丁学院学习了时装设计，创作了有新闻价值的独立的最终的产品系列。毕业后她们决定按照她们祖国的习惯，成立家庭企业。Tata Naka 是想象力的联合，风格大胆、有趣、时尚。

你们的职务和职责是什么？

我们是 Tata Naka 的共同的创意总监。我们的职责包括 Tata Naka、Stolen Memories 和 TNTEES 品牌所有的创意控制，一年设计并生产六个产品系列。我们也参与生产、公共关系、销售等各方面。这是个小公司，所以我们还蛮得心应手的。

你们从事设计有多久了？

Tata Naka 是 2000 年创立的，根据我们各自的毕业作品发布的。但我们还是小孩子的时候就开始设计了。

你们的目标市场顾客是谁？

我们的目标市场顾客是那些时尚但不盲从于潮流的女性，她们有趣，有幽默感，有冒险精神，了解自己的想法。

请描述一下你们的产品线。

我们一年做 Tata Naka 旗下两个主要的产品系列和两个预先的产品系列。Tata Naka 分成 Tata Naka 和 Stolen Memories，表现这两品牌的两个设计师。我们还在 2012 年秋 / 冬与预先产品系列同时发布的生产线——TNTEES。

你们为产品选择面料时最大的挑战是什么？

我们这是个小公司，因此总是要把成本作为一个限制因素。首先，很多工厂和面料供应商起订量很大，所以我们能够选择的范围很有限。其次，很多面料分销商提供的样品没有经过调查，无法保证在生产时能提供相应的面料，这种情况常常发生，结果导致为了生产 150 件衣服要到全国去寻找相应的替代品。最后，也是最重要的，没有资金去研究与开发，开发面料能帮助设计师做好的设计，也是我们想做的，但是只能有赞助才能进行。

你们更倾向于从哪种批发商处采购纺织品？

我们从工厂或分销商处采购。我们也自己创造面料——印花、刺绣、装饰等等。

你们通过表面设计定制自己的面料吗？

是的。

工作的程序是怎么样的？

数码印花，定位印花，全件印花，贴花、钉珠等。

191

学生设计师
刚刚开始
独立的当代设计师
可持续性设计师
大众市场设计师
街头服装设计师
女装设计师
纺织品设计师
数字化定制

你们是自己设计面料、外包给自由职业者还是从市场上购买?

我们所有的印花都是内部完成,包括绘画、涂色、雕刻等由设计师完成,再转化为数字化。我们也使用摄影作为媒介制作自己的印花图案。我们的提花是按照自己的规格制作的,设计也是我们完成。

你们是先设计再寻找合适的面料还是先采购一系列面料再进行设计?

是的,我们先有一个关于要寻找的面料的想法,对每一个设计作品来说,主要的设计先做。然而当我们采购时,看到某一款我们喜欢的面料,就会再对它进行相应的设计。

在你们的系列中,色彩有多重要?

我们的作品中印花占据很大的部分,色彩对于Tata Naka 很重要。色彩不仅用于印花上,在我们的每一系列中也有固定的色彩,与其他色彩进行搭配时作为重点。我们销售最好的是上一季色彩组合的粗花呢机车夹克,有五种不同的色彩与其他面料搭配。

纺织品设计师

阿斯特丽德·法鲁西亚（Astrid Farruggia）的 LE STUDIO ANTHOST

Le Studio Anthost，2000 年开设，是美国的一家用传统设计和高度复杂的新技术生产涂料织物的工作室。照片、古典印花、建筑风格和自然影响了工作室的创作。产品在纽约生产，不使用机器，开始时使用丝网印花。

你是怎样确定的职业规划？

我 23 岁时刚从一所室内设计学校毕业，发现自己正在找不喜欢的工作。我幸运地遇到两位伟大的人，亚历山大（Alexandre）和赛琳（Celine），他们是夫妻，在法国拥有 Atelier Dynale，是一家纺织品设计工作室，与高定设计师拉克鲁瓦（Lacroix）、纪梵希（Givenchy）、迪奥（Dior）、让·保罗·高缇耶（Jean Paul Gaultier）等很多设计师合作。他们是我的导师。在两年时间内，他们教我由福图尼发展的经典装饰手工工艺和很多其他技艺。跟现有的艺术家学习制作这样一种高度注重细节而精美的作品真是难得的经验。根据这些经验，我决定从事纺织品设计。

你和非常高端且知名的设计师合作，是怎样开始的？

在纽约几年以后，我准备提升 Atelier Dynale。销售精美的作品是认识设计师的好方法，这样也容易提升 Atelier Dynale；他们的技能令人惊叹，作品本身就表现出来了。遗憾的是，这并不像我期望的那样进行，因为精美的手工艺太高端了，很难适合美国市场。然而，一位我接触过的设计师因为他的产品系列的事情联系我，看起来很难做到。我在起居室放置了一张桌子开始工作。我成功地完成了，所以我联系以前接触过的所有设计师，他们希望与我合作。那时，美国还没有面料的经典装饰技术。这给我机会创立了 Le Studio Anthost。

当开始新的纺织品线时你会跟随趋势吗？

我曾经跟随趋势，后来发现这会限制想象力。我的专长是利用学习的经典技术以革新的方法适应客户的不同需求。我与合作的设计师都要面对面的沟通，这样我才会根据他们的灵感和主题来制作。

谈谈你最喜欢的一次合作。

我最喜欢的一次合作是与 Carolina Herrera 的首席设计师的合作。除了我们在法国的联系，他还和我一样，有相似的设计审美，来自于相同的经典高定时装设计学校。因为这些，我十分理解他的品位，很容易将他的理念体现于艺术作品中。

设计的作品中，你最喜欢哪种表面处理或纺织品？

很多种技术我都喜欢用，但是我最喜欢的就是喷枪。喷枪处理的面料令人感觉微妙、轻松、异想天开。喷枪也是印花的一种方式，使用正确的话能产生很多独特的效果。我特别喜欢用喷枪给面料一种美丽的照片效果。

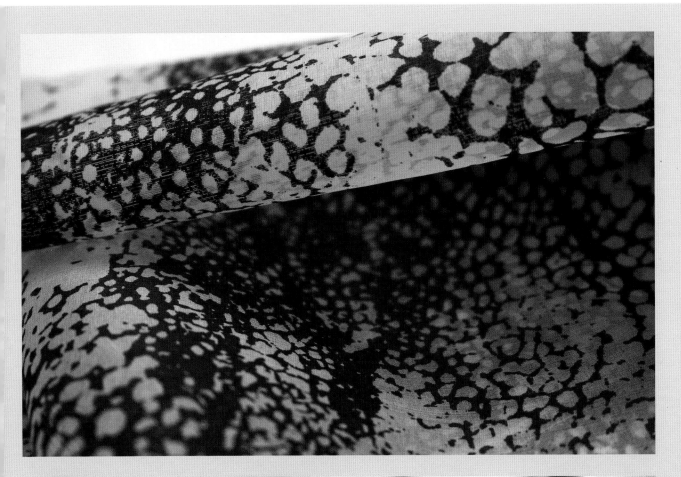

纺织品设计师

阿斯特丽德·法鲁西亚（Astrid Farruggia）的
LE STUDIO ANTHOST

你喜欢哪个程序？

我喜欢形成样品的部分。特别是当设计师给我一定的创造力，令人兴奋，一般这时我会创造新的技术。

你如何采购基础面料？

设计师提供我使用的大部分面料。

你提前做几季？

一季，这就足够了。

在你的工作室中，所有的工作都是手工完成的吗？

是的。从头到尾所有的工作都是手工完成。

你有外包的工作吗？如何找到符合你要求的供应商？

我考虑过外包，但是一件衣服都有独一无二的美。我们因此而被人所知，所以外包就是否定工作室的宗旨。另外，我认为设计师不会希望工作外包。他们来找我是为了我们自己用手工完成特别的东西。他们希望"Le Studio 之手"。

然而，我在思考使用数码印花，使用数码印花，我创作原始的样品并与设计师合作。

你只创造样品或时装衣片最初用的面料吗？你的作品能投入生产吗？如何做呢？

我做最初样品或时装衣片及生产。我的工作室有能力生产最大量为 457.2m（500 码）的面料。某些情况下，当生产可转化为数码印花，我们可以只在样品的衣片进行工作。这要看设计师的想法。然而，

大多数我们提供的技术因为它们的特殊性只能在内部进行。

在你的系列中，色彩有多重要？

色彩对我来说极其重要。它是少数几个驱动力之一。如果我没有选择现在的职业，我想我可能是色彩学家。

纺织品设计的重要部分是做色彩调研。对我来说，当设计师提供一个小的色彩样，通过仔细和精确的计算我得到搭配这种色彩的不同浅色和深色。这种分析色彩的化学方法就像在实验室工作一样。挑战刺激着我，当我完成了成功的色彩搭配，有无法置信的满足和成就感。这过程非常精确，我做得越多，我对色彩的理解越深，越欣赏色彩。

在你推进新的程序前要做多少样本？

我与合作的设计师沟通非常紧密，因此我基本了解他们的想法，了解他们的个人品位，知道他们喜欢什么。程序需要调研，在得到工作之前我会向设计师提供 10~30 个样本。这通常是第一套样本，然后进行筛选，留下一或两个，这会给我正确的方向。留下的最后一个通常是最好的。

对你来说设计的程序从哪里开始？

没有真正的开始。设计的灵感时刻都在发生。我可能看到周围的事物就会引发我的灵感。这非常令人激动；这个世界处处都有可能引导你发现伟大的设计。

时装设计元素：环保面料采购

第一章　时装产业中纺织品的角色
第二章　材料
第三章　外观设计
第四章　产品系列概念化
第五章　采购织物
第六章　纺织品与产品系列
采购采访
附录

196

数字化定制

叶莲娜·科诺瓦洛娃（Yelena Konovalova）
EYE DAZZLER 工作室的所有者/汉娜·罗斯
（Hannah Ross）实习生

EYE DAZZLER 是独立的纺织品设计工作室，由来自各个国家的设计师组成团队。工作室致力于制作时装和家居市场的有独创性和革新性的印花作品。2009年，埃里克·丽莎得（Erik Lisard）和叶莲娜·科诺瓦洛娃（Yelena Konovalova）创立了工作室，现在在纽约布鲁克林和伦敦达尔斯顿有两个工作地点。

叶莲娜·科诺瓦洛娃

当时装设计师购买了你的一款设计作品，他会拥有作品的独家使用权吗？

所有工作室的印花作品都是独一无二的。购买我们作品的时装设计师自动获得了作品的独家使用权。我们不会将同一作品再次销售。我们放弃已销售作品的创作性控制，且不会对它们的使用方式做出限制。一旦顾客拥有了印花作品，他们可以使用它或者剪裁它以适合当前的一季作品。

工作室是否可以定制印花作品？这比直接购买设计作品更贵吗？

我们一般都会和设计师在一起，他们会将想法告诉我们。有时这些想法是很具体的，有时候却很模糊——可能只是想要一种情绪。表达自己有挑战性的想法是很令人激动的过程。根据情况不同，通过不同的方式了解客户定制印花的要求。我们需要了解品牌顾客，他们的情感、他们使用服装上印花的方式。我们很乐于为设计师创作一些概念，通常提供五六个设计方案供选择。我们的定制印花作品与常规作品的价格是相同的。

对于时装设计师来说，你认为数码印花与传统印花相比有哪些先进性？

随着数码印花有越来越多的灵活性，无论是照片还是有微妙色调过渡的绘画，几乎任何图像都可以做成数码印花。我们可以印出很大范围的色彩图案，并展现的更有深度和基调。数码印花的生产过程更为简单，不需要分色，可以随时改变设计。简而言之，数码印花的创作自由度更大，限制更少，令时装设计师更易于达成他的想象。

你有什么建议可以给想在产品中应用数码印花的新兴时装设计师说吗？

数码印花提供了无限的可能性，因此它是自由且危险的。印花是个有效的表达办法，你可以在时装设计感受与印花方法之间找到联系。确定数码印花的强度并最大化地利用它，这很重要，以无畏且开放的心态接受各种可能。所有的设计、所有的元素都是必要的，有时候，少就是多。

197

学生设计师
刚刚开始
独立的当代设计师
可持续性设计师
大众市场设计师
街头服装设计师
女装设计师
纺织品设计师
数字化定制

EYE DAZZLER 纺织品设计工作室制作的数码印花图案。

汉娜·罗斯是时装设计师和纺织品艺术工作者。她在 2012 年秋季开始在工作室实习。

年轻设计师想在数码印花工作室工作都需要哪些技能？

在数码印花工作室工作你需要能绘画、拼贴、喷漆等。现在每天都有多种印花方法出现，你必须能用计算机快速地工作，通常要通过一个设计灵感创作出四五种不同的印花。别光想，要去做！

你觉得在实习期的经验为设计能力的提高有什么帮助吗？

我进一步拓展了纺织品方面的知识，提高了计算机设计技能。我现在对独立设计公司的动态有了一定的理解。将来，我会开设一家独立设计公司，亲密、热情的一个团队在一起创造美。在工作室实习让我了解了人与人的关系的环境和创作责任感一样重要。在小环境里，负面的感受会抹杀创作的精华。

利用在工作室实习获得的知识，你会给想利用数码印花定制纺织品的新兴设计师什么建议？

先确定使用哪种染料，活性染料对环境有害的成分少，但是不够鲜亮；酸性染料有一定的毒性，但是色彩足够鲜亮。小细节刻画的不够好。如果印花的颜色少于五种，你可以考虑丝网印花，得到的成品有更清晰的图像和更干净的色彩。数码印花不会渗入织物，在轻薄的自然纤维机织物上呈现效果最好。弹性织物磨损后图像效果会有损失。

附录

图片来源

Cover Design by Lilia Yip. Model: Haruka. Photographer: Jessica Kneipp. **P3** © Robert Fairer. **P16 Fig.4** © Victoria & Albert Museum, London. **P16 Fig.5** © 2013. Image copyright The Metropolitan Museum of Art/Art Resource/Scala, Florence. **P19** Image courtesy http://sensibility.com. **P20 Fig.8** Photographer/Artist: Keystone. Image courtesy of Getty. **P21 Fig.9** Photographer/Artist: Rob Loud. Image courtesy of Getty. **P23, Fig.1** Photographer/Artist: Antonio de Moraes Barros Filho. Image courtesy of Getty. **P23 Fig.2** © 2013. Image copyright The Metropolitan Museum of Art/Art Resource/Scala, Florence. **P23 Fig.3** © 2013. Image copyright The Metropolitan Museum of Art/Art Resource/Scala, Florence. **P23 Fig.4** Photographer/Artist: Michel Dufour. Image courtesy of Getty. **P25 Fig.5** Copyright Antonio Abrignani. **P25 Fig.6** Photographer/Artist: Vittorio Zunino Celotto. Image courtesy of Getty. **P27 Fig.7** Photographer/Artist: Frazer Harrison. Image courtesy of Getty. **P27 Fig.9** Copyright J Loveland. **P27 Fig.10** Photographer/Artist: Nick Harvey. Image courtesy of Getty. **P28 Fig.1** Copyright Giancarlo Liguori. **P31 Fig.1** Copyright Lizette Potgieter. **P31 Fig.2** Photo by David Handschuh; copyright noon design studio. **P34 Fig.1** Fair Trade USA **P35 Fig.2** ©2012. Textile Industry Affairs. All rights reserved. **P39** Photographer/Artist: Hulton Archive. Image courtesy of Getty. **P43 Fig.1** Brian Nussbaum, 2010. **P45 Fig.2** with thanks to Annemarie Robinson. **P47 Fig.3** with thanks to Annemarie Robinson. **P49 Fig.1** Duncan Loves Tess Vintage & Retro. **P53 Fig.2** Copyright Zurijeta. **P56-57 Fig.2** with thanks to Annemarie Robinson. **P59 Fig.3** Chris Fortuna. **P61 Fig.4** Pugnat, Photography: Anne Schwalbe. **P60 Fig.5** Everlasting Sprout. Photographer: Kazuya Aiba. **P62 Fig.6** Mali Mrozinski/Paige Green. **P63 Fig.7** Dr. Manel Torres, Fabrican, www.fabricanltd.com 'Science in Style' spring/ summer collection 2011. Photographer: Ian Cole. **P64 Fig.8** From WonkyZebra.com. **P64 Fig.9** Designer: Martuzana Hila. Photographer: Guy Zeltzer. **P67 Fig.10** Photographer/Artist: Victor VIRGILE. Image courtesy of Getty. **P68 Fig.11** CuteCircuit. **P69 Fig.12** Jeff Harris. **P70 Fig.1** Copyright Boris Stroujko. **P71 Fig.2** Barbara Harris-Pruitt. **P73 Fig.3** © BAGGU. **P75 Fig.1** Photographer/Artist: Michael Loccisano. Image courtesy of Getty. **P82 Fig.1** Copyright Santhosh Kumar. **P83 Fig.2** Bryan Whitehead. **P84 Fig.3** Erin Cadigan. **P85 Fig.5** Photographer/Artist: Michel Dufour. Image courtesy of Getty. **P87 Fig. 1 and Fig.2** Photographer/ Artist: Mike Marsland. Image courtesy of Getty. **P88 Fig.3** Photographer/Artist: Victor VIRGILE. Image courtesy of Getty. **P88 Fig.4** Giovanna Quercy. **P90 Fig.6** © 2013. Image copyright The Metropolitan Museum of Art/Art Resource/Scala, Florence. **P91 Fig.7** EYE DAZZLER, photography Miguel Villalobos. **P92 Fig. 8** Marianna Gutowski © 2011. **P92 Fig. 9** Shaelyn Zhu © 2011, undergraduate work. **P92 Fig. 10** Photographer/Artist: English School. Image courtesy of Getty. **P92 Fig. 11** Photo and art © Cheryl Kolander. **P93 Fig. 12** Designer: Liora Rimoch, www.liorarimoch.com. **P95 Fig. 13 and Fig.14** Photographer/Artist: Antonio de Moraes Barros Filho. Image courtesy of Getty. **P96 Fig.1** Courtesy Erin Cadigan 2009. **P97 Fig.2** Photographer/Artist: Pascal Le Segretain. Image courtesy of Getty. **P98 Fig.3** Courtesy of Patrik Ervell. **P99 Fig.4** Courtesy of the Lacis Museum of Lace and Textiles, Berkeley, California. **P100 Fig.1** Photographer/Artist: Pascal Le Segretain. Image courtesy of Getty. **P101 Fig.2** Photographer/Artist: Gareth Cattermole. Image courtesy of Getty. **P102 Fig.3** Photographer/Artist: Pascal Le Segretain. Image courtesy of Getty. **P103 Fig.4** Alabama Chanin. **P103 Fig.5** Brian Nussbaum, 2010. **P103 Fig.6** Courtesy of Kelly Horrigan Handmade. **P103 Fig.7** Designer: Harrison Johnson, Photographer: Andre Rucker, Model: Paige Gembala, Make-up: Jacqueline Ryan. **P104 Fig.8** Foley+Corinna Braided Linen Sweater in charcoal/ Copyright: Foley+Corinna. **P105 Fig.9** © 2013. Image copyright The Metropolitan Museum of Art/Art Resource/Scala, Florence. **P105 Fig.10** Copyright © 2012 Kelly Horrigan Handmade. All rights reserved. **P107** Photographer/Artist: Frazer Harrison. Image courtesy of Getty. **P111** Photographer/Artist: Pascal Le Segretain. Image courtesy of Getty. **P112** Photographer/Artist: Don Arnold. Image courtesy of Getty. **P115 Fig. 1** Courtesy of Caroline Kaufman. **P115 Fig. 2** Courtesy Aza Ziegler. **P115 Fig. 3** Courtesy of Julianna Horner, undergraduate work © 2011. **P117 Fig. 4** Courtesy Pratt Institute Fashion Department. **P117 Fig.5** Courtesy of Stylesight. **P118-119** Courtesy of Gavin Ambrose. **P122 Fig. 2** China Bones by Lindsay Jones. **P121 Fig. 10** Courtesy of Arianna Elmy, undergraduate work © 2011. **P122** Photographer/Artist: Giuseppe Cacace. Image courtesy of Getty. **P123** Sylvain Veillon. **P124** top left: Photographer/Artist: Pierre Verdy. Image courtesy of Getty. **P124** top right: Photographer/Artist: Antonio de Moraes Barros Filo. Image courtesy of Getty. **P124** bottom left: Photographer/Artist: Antonio de Moraes Barros Filo. Image courtesy of Getty. **P124** bottom right: Photographer/Artist: Franck Prevel. Image courtesy of Getty. **P125** www.maxtan.com. **P127** Courtesy of Anne Lysonski, undergraduate work © 2011. **P128** Photographer: Dominique Maitre. **P129** Fig. 3 Vena Cava Fall 2011 Collection, Look 1 (style.com). **P131** Photographer/Artist: Fernanda Calfat. Image courtesy of Getty. **P135** Paige Green © 2012. **P137 Fig.3** ©Alisa Bobzien. **P139 Fig.1** © Première Vision. **P139 Fig.2** www.source4style.com. **P141** Gown, Headdress, Collar and Boots design and construction: Rayneese Primrose. Hair & Make-Up: Rashad Brown. Model: Joy Washington. **P142** EYE DAZZLER. **P145 fig.1** Photographer: SeungMo Hong. All rights reserved Eunsuk Hur. **P145 Fig.2** Design & Concept: Berber Soepboer, Textile Design/Graphic Design: Michiel Schuurman, Photography: Sander Marsman. **P147 Fig.3** Courtesy of Caroline Kaufman. **P147 Fig.4** Reborn by Soham Dave, sohamdave.com. **P147 Fig.5** Courtesy of Hannah Ross. **P151** Photographer/Artist: Patrick Kovarik. Image courtesy of Getty. **P179 Fig.3** Courtesy of Vangheli Lupu, Professor of Fashion, Pratt Institute. **P153** Photographer/Artist: Victor Virgile. Image courtesy of Getty. **P157** Courtesy of Caroline Kaufman. **P159** Courtesy of Semaj Bryant. **P161** Courtesy of Hana Pak. **P163** www.max-tan.com. **P164** Courtesy of Professor Karen Curinton-Perry. **P165 Fig.3** Photographer/Artist: STAN HONDA. Image courtesy of Getty. **P167** Hand-rendered flats courtesy of Anne Lysonski. **P168** Work courtesy of Judy Yi. **P171** M. PATMOS Spring 2012. **P173** ©Miyake Design Studio, Photo: Hiroshi Iwasaki. **P177** Courtesy of Theresa Deckner. **P179** Courtesy of Kelsy Carleen Parkhouse. **P181** Courtesy of Alder. Photograph by Colby Blount. **P183** Courtesy of John Patrick. **P187/189** Courtesy of G.G.$. **P191** Photographer/Artist: Stuart Wilson. Image courtesy of Getty. **P193/195** © Le Studio Anthost 2012. **P197** EYE DAZZLER, photography Miguel Villalobos.

致谢

我要感谢以下的朋友的帮助：感谢凯瑟琳·埃利斯（Katherine Ellis）教我缝纫；琳恩·约翰斯通·伦纳德（Lynn Johnstone Leonard）带我走上艺术之路；洛琳·奥伦丘克（Lorraine Orenchuk）指导我的写作，芮妮·莱文（Renee Levin）给我机会成为她的主要设计者。另外，我要感谢利夫·卡明斯（Leafy cummin）给我机会写这本书。她在整个过程中的建议、耐心和支持是非常宝贵的。瑞秋·帕金森（Rachel Parkinson）和芮妮·维拉纽瓦（Renee Villanueva）安排了完整的图片清单，他们的工作令人赞叹。里甘·洛根斯（Regan Loggan）的研究在本书第一章有所体现。感谢每一位为本书贡献了观点和图片的人。我要感谢我的家人。感谢我的丈夫马丁（Martin）和女儿罗丝（Rose）的爱和支持。此书献给我的父母丹尼斯（Dennis）和佩吉（Peggy），在我不知道要做什么的时候，他们总是鼓励我要坚持梦想。感谢出版者审读我的手稿：博·布雷达（Bo Breda）、阿曼达·布里格斯—古德（Amanda Briggs-Goode）、迪尔德丽·坎皮恩（Deirdre Campion）杰森·保罗·麦卡锡（Jason Paul McCarthy）、布丽奇特·斯托克顿（Brigitte Stokdton）、弗朗西丝·特纳（Frances Turner）。